L'ÉCOLOGISME, NOUVEAU TOTALITARISME ?

par Drieu Godefridi

ISBN 978-2-930650-22-7

Aux écologistes de tous les partis.

Table des matières

Introduction – « Plus jamais cela »

J'ai grandi dans une ambiance morale qui restait marquée par la formule « plus jamais cela », « cela » visant les atrocités de la Seconde Guerre mondiale. Plus jamais cela, dans ce contexte, signifiait ne pas répéter les horreurs du national-socialisme et d'une guerre mondiale qui, par le nombre de victimes, fut la pire boucherie de l'histoire.

« Plus jamais cela » – *Nie Wieder Krieg*[1] – était déjà ce qu'on allait répétant après la Première Guerre mondiale. Deux décennies plus tard débutait une nouvelle séquence d'abominations, pire encore que la précédente.

« Plus jamais cela » ne signifie rien si l'on se cantonne à contempler, pour le déplorer, le passé. Cette formule n'a de sens que si on transfigure la comptine en proposition analytique exploitable ici et maintenant, c'est-à-dire appliquée aux idéologies du temps présent. Sans quoi les mots « plus jamais » sont dénués de sens.

Cette actualisation est d'autant plus souhaitable que l'histoire nous enseigne que les grands systèmes totalitaires, leurs idéologies et jusqu'à leurs meneurs, ont annoncé les atrocités qu'ils avaient l'intention de commettre.

Dès 1920, Adolf Hitler clamait, dans un discours fondateur à Munich, son exécration des Juifs possédants, institués en antithèse du socialisme égalitaire et racial qui avait ses faveurs. L'antienne post-1945 « on ne savait pas » – l'extermination des Juifs par les nationaux-socialistes – prend un tour surréaliste quand on mesure que l'ensemble du corpus théorique national-socialiste tendait vers, exigeait, légitimait par avance et *ab initio* l'extermination des Juifs.

[1] « Plus jamais la guerre ».

La haine n'est pas moins prégnante dans les écrits de Marx. L'exécration du bourgeois, l'éloge de la violence non seulement révolutionnaire mais comme technique de gouvernement, est la définition de la théorie politique marxiste. La violence et l'arbitraire ne sont pas, dans le corpus marxien, comme un mal nécessaire durant la phase transitoire (la prise de pouvoir) : ils sont les instruments légitimes et premiers du gouvernement. Tout cela figurait de manière limpide dans les écrits de Marx et de ses affidés – notamment le concept de *Volksrache* et l'éloge de la guerre civile – des décennies avant que le premier régime communiste ne prît forme.

« Plus jamais cela ». Quand d'estimés penseurs écologistes exigent l'abolition de la démocratie et de la liberté « pour le climat », quand ces penseurs expliquent doctement que le bien de la Terre exige de réduire l'humanité au dixième de son volume actuel, quand prend forme sous nos yeux une idéologie plus radicale dans ses prétentions humanicides qu'aucune de ses devancières, s'offre l'opportunité de dépasser la comptine « Plus jamais cela » pour comprendre que *cela* est parmi nous.

7 avril 2049

«Principe 1. Gaïa est vivante»

Vade-mecum de l'homme modeste, 2022

— *Papa, j'ai encore cette rage de dents. Tu m'emmènes chez le dentiste?*

— *Mathieu, tu sais que ta mensuel-ration de CO_2 est épuisée. Regarde... nous sommes le 7. Plus que 24 jours à attendre. Je vais prendre rendez-vous.*

— *Papa, quand tu étais petit, toi tu allais chez le dentiste aussi souvent que tu le souhaitais?*

— *Disons que le dentiste n'a jamais été ma destination favorite. Mais oui, tu as raison, dans l'ancien monde on allait chez le dentiste aussi souvent qu'on le souhaitait.*

— *Toi aussi, tu devais marcher des heures?*

— *Ma mère m'y emmenait en voiture.*

— *(Silence). Puis, Mathieu:*

— *Quel monde horrible que le tien... Toute cette pollution. Au moins en sommes-nous débarrassés!*

— *La pollution était atroce, elle nous prenait à la gorge.*

— *Avant qu'on ne ferme l'école, on nous avait montré des images des villes à ton époque... Cette noirceur, ces façades souillées, ce « smog » je crois, comme dans le Londres de Conan Doyle et Sherlock Holmes. Tout semblait si noir, si sale !*

(Souriant, le père :)

— *Mon époque est plus récente. C'est de la fin du dix-neuvième siècle dont tu parles !*

— *Après un moment d'hésitation, Mathieu, du haut de ses douze ans :*

— *Sur les photos avec maman, pourquoi les façades ne sont pas noires ? C'était pourtant bien avant le Grand Arrêt !*

— *Je l'ignore. Les façades des monuments étaient souvent ravalées, à l'aide d'affreuses substances chimiques en consommant d'invraisemblables quantités d'énergie fossile !*

— *Tu sais, papa, il y a trois jours j'ai trouvé dans ta bibliothèque un petit livre d'un certain Gerondeau. Je n'ai pas tout compris... mais il explique que la pollution à Paris en 2018, donc 4 ans avant le Grand Arrêt, était déjà réduite à presque rien dans les villes...*

— *Absurde ! Je ne devrais pas conserver ces auteurs de l'ère fossile, ni toi les lire.*

— *Mais, papa...*

— *Le problème, vois-tu, Mathieu, c'était le* CO_2. *On en produisait des volumes démentiels. Or, le* CO_2, *comme le Programme Officiel te l'a appris, rendait notre belle Terre inhabitable. Sophia-Gaïa était meurtrie par l'Homme !*

— *Oui, papa, je comprends. Je sais tout cela.*

Le père, s'emportant :

— *Oui, tu le sais, parce qu'on te l'a appris ! Mais tu n'imagines pas la réalité de ces monstrueuses entreprises mondialisées qui n'avaient de cesse d'éventrer la Terre pour lui voler des ressources aussitôt dilapidées ; ces plates-formes pétrolières qui foraient le cuir de Notre Mère, tout cet infernal brassage sans rime ni raison qu'enrichir ce qu'on appelait des « actionnaires »... C'est d'écocide que l'Homme se rendait coupable !*

Après un moment de silence :

— *Papa, quand tu avais mon âge, il y avait combien d'habitants dans notre pays ?*

— *60 millions.*

— *Et maintenant ?*

— *Nous sommes 25 millions, je crois... Trop ! Grâce à Dieu, nous avons le Programme Officiel de Mort Altruiste. C'est une belle chose que ces reliques de l'ère fossile qui, au lieu de persister dans la consommation abusive des ressources, choisissent l'humusation. Alors leur non-être retourne à l'Être véritable. Saluons la mémoire de ta mère !*

— *Dans notre village, je suis le dernier enfant.*

— *Je ne l'ignore pas.*

— *Donc bientôt, il ne restera... personne !*

— *Seulement la Nomenklature des Ressources, qui veillera à la régénération de Sophia-Gaïa pour le millénaire à venir. Dans leur dernier rapport, avant leur dissolution par accomplissement de leur mission, les Scientifiques du GIEC estimaient possible la régénération de notre Terre par absentation de l'homme pendant plusieurs siècles.*

— Des siècles...

— Que sont quelques siècles face aux millénaires de déprédation de Sophia-Gaïa ! Pauvre folle créature. (Le père médite quelques instants la perversité de l'Homme.)

Mathieu, reprenant :

— Tu te souviens d'Isabelle, la dernière fille de ma classe ? Elle racontait qu'avant le Grand Arrêt les gens se mariaient, fondaient une famille, qu'ils avaient des enfants, qu'ils les élevaient et les emmenaient en ... j'ai oublié le mot...

— Vacances ! Car souiller la planète chez eux ne leur suffisait pas, il la leur fallait souiller partout, disait Hans Jonas[2] *!*

— En vacances. Isabelle disait que les gens étaient heureux de faire tout cela.

— Oh oui, bien sûr, livrée à elle-même, l'Infecte Créature meurtrirait l'Univers entier ! Bénie soit Sophia-Gaïa que cette fille ait quitté la région.

— Tu sais, papa, c'est bizarre cette histoire. Si Isabelle avait quitté la région, comme tu dis – comment ? Il n'existe plus aucun moyen de transport ! – elle m'aurait prévenu...

[2] « L'homme souille toute la nature de la manière la plus impitoyable » : Hans Jonas, interview à Der Spiegel, 1992, https ://www.spiegel.de/spiegel/print/d-13680535.html

— *Ah, oui ? Et pourquoi te l'aurait-elle dit ? Tu sais que c'est un CrimCO$_2$ de commettre un DLI (Déplacement Long et Inutile) ?*

— *Je sais, papa ! Mais... (hésitant) Écoute, on était encore petits... on se parlait... Isabelle m'avait dit que son rêve était de fonder une famille... avec moi !*

— *CrimCO$_2$!*

— *CrimCO$_2$. Mais donc je crois qu'elle m'en aurait parlé, de son départ. Et puis, il y avait sa mère aussi, gravement malade, insoignée et en attente de son Permis d'humusation. Comment aurait-elle pu se déplacer ? !*

— *Franchement, je n'en sais rien.*

— *Et si la Nomenklature les avait pris ?*

— *Pourquoi auraient-ils fait cela ?*

— *Pour CrimCO$_2$! Nourrir des projets inutilement émetteurs de CO$_2$! Fonder une famille, avoir un enfant, les CrimCO$_2$ par excellence, tu viens de le dire !*

Le père se fait songeur. Puis :

— *Et si cela était ? Veux-tu qu'on en revienne à mon époque, celle de la Créature hubristique qui éventre la Terre-Mère ? La Nomenklature est et sera pour les siècles à venir le régulateur bienveillant de toutes choses, aussi longtemps que durera la Jachère. Nous n'avons d'autre choix que de lui faire confiance. Nous devons lui faire confiance.*

À son tour, Mathieu se fait silencieux.

— *Papa, quel sera mon avenir ? Que ferai-je dans dix, vingt ou trente ans ?*

— *Trente ans ? ! Tu n'ambitionnes pas de devenir centenaire ?*

(Le père sourit, satisfait de son trait d'humour.)

— *Que vais-je devenir ?*

— *Cesse de raisonner en termes bassement individualistes ! Je ne pourrai pas toujours te protéger contre ces velléités de CrimCO$_2$ qui semblent te venir avec une telle aisance !*

— *Que ferai-je de ma vie ?*

— *Ce que nous faisons tous désormais : embrasser le rythme des saisons et la lumière du Jour Véritable, dans l'attente de retourner dans Son sein nourricier. Notre vie la tienne, la mienne, celle de ta défunte mère n'a de sens que par et dans son lien à Notre Terre. Nous... nous, exécrables individualités, nous ne sommes rien. La noblesse de notre posture réside dans la conscience de n'être que de modestes reflets de la totalité vivante.*

PREMIÈRE PARTIE – ÉCOLOGISME THÉORIQUE

On tentera, dans cette première partie, de mettre en lumière les éléments théoriques communs aux différents courants de l'écologisme comme idéologie politique. Commençons par écarter le malentendu qui réduit l'écologisme à une simple novation du marxisme.

I. L'écologisme n'est pas un marxisme

La surabondance matérielle de la technique moderne est un facteur essentiel dans l'idéal socialiste moderne.

Hans Jonas, *Le principe de responsabilité*[3]

Dans un essai sur la civilisation socialiste[4], la passion de l'égalité – au sens de l'égalité réelle, matérielle – nous est apparue comme principe séminal du socialisme dans ses différentes sédimentations théoriques et ses applications concrètes.

La passion de l'égalité n'est pas étrangère à l'écologisme. La majorité des propositions écologistes concrètes ne déparerait pas le programme d'un parti marxiste ou socialiste radical.

La lutte contre les inégalités est constamment présentée, par les écologistes, comme passage obligé vers la réconciliation de l'Homme avec la Terre.[5]

[3] Paris, Flammarion, 2013 (1970), 275.

[4] *La passion de l'égalité – essai sur la civilisation socialiste*, Texquis, 2017.

[5] Voy. le dernier rapport spécial du GIEC, SR15, résumé pour décideurs, 20s. et le rapport proprement dit, chapitre 5, spécialement pages 479s.

Le rejet du système de production capitaliste, ou économie de marché, est un autre point commun. Bien avant la naissance de la théorie du réchauffement climatique d'origine anthropique (RCA)[6], l'écologisme rejetait le capitalisme dans son principe et chacune de ses applications.

Le consumérisme était dénoncé, sur le thème de l'épuisement des ressources. Comment tolérer l'exploitation capitaliste des ressources, qui implique de transmettre aux générations futures une Terre en quelque façon dépouillée, réduite et comme épuisée ?

On aura reconnu la thématique du développement qui n'est acceptable que s'il est *durable*, une théorie largement antérieure à la théorie du RCA ; encore la plupart des écologistes contemporains rejettent-ils l'idée même de « développement ».[7]

En dépit de ces convergences entre socialisme et écologisme – égalitarisme, rejet du capitalisme –, leur différence de nature saute aux yeux.

Même si cela paraît paradoxal, s'agissant d'une idéologie qui a provoqué la mort de cent millions de nos semblables au XXe siècle[8], le marxisme reste foncièrement, dans son principe, un humanisme. Selon le marxisme, l'homme est la mesure de toute chose. L'homme – et même l'Homme, car le marxisme se veut universel, transcendant les races, ethnies, histoires et nations – est l'*ul-*

6 La première conférence internationale sur le rôle du dioxyde de carbone et des autres gaz à effet de serre dans le changement climatique se tint à Villach (Autriche), en 1985, sous l'égide du Programme des Nations-Unies pour l'environnement (PNUE) et de l'Organisation météorologique mondiale (OMM).

7 Fabrice Flipo, « Les trois conceptions du développement durable », *Développement durable & territoires*, vol. 5, n°3, décembre 2014, section 5 « La sortie du développement », et les références citées.

8 S. Courtois et al., *Le livre noir du communisme*, Paris, Laffont, 1997, 14.

tima ratio[9] du marxisme. Il n'est de structure historique marxiste que dans et par l'homme ; la Nature est virtuellement absente du corpus théorique marxien.

Le marxisme est productiviste et promet l'abondance. Il ne rejette pas l'industrialisation en tant que telle, mais propose que l'État s'empare des moyens de la production économique. Il ambitionne de *dognat y peregnat*, comme disait Staline – *rattraper et dépasser* la production des sociétés capitalistes. Que ce projet n'ait jamais été mené à bien par aucune société marxiste ne change rien à sa trame théorique. En somme, le marxisme rêvait – il n'a jamais été qu'un songe démenti par sa *praxis*[10] – d'instaurer l'égalité dans une manière d'abondance. Hans Jonas fait exactement le même constat : « Dans le cas du marxisme, la magie d'une grande vision utopique d'une société plus juste coïncidait avec une promesse de bonheur, à savoir que la maîtrise accrue de la nature profiterait à tous, sur un pied d'égalité. »[11]

[9] La raison dernière.

[10] Mise en œuvre concrète.

[11] « Im Falle des Marxismus traf der Zauber einer großen, utopischen Vision einer gerechteren Gesellschaft zusammen mit einem Glücksversprechen, daß nämlich die weitere Meisterung der Natur nun allen zugute kommen wird, und zwar gleichermaßen », interview à *Der Spiegel*, 1992, https ://www.spiegel.de/spiegel/print/d-13680535.html. Voy. également, du même, son interview à *Esprit* par Greisch et Gillen, « De la gnose au Principe responsabilité, » mai 1991, n°171, 18 : « l'utopie marxiste du bonheur a scellé une alliance forte avec une technologie fondée sur la science. » https ://esprit.presse.fr/article/jonas-hans/de-la-gnose-au-principe-responsabilite-entretien-11883

Ce productivisme est étranger à l'écologisme, il lui est même antithétique.[12] L'écologisme ne vise nullement à s'emparer des moyens de la production pour l'augmenter et en répartir les fruits de façon égalitaire. L'écologisme projette de s'emparer des moyens de la production pour l'enrayer.

Ce n'est pas la propriété des moyens de production qui est en cause ; c'est son fait même. Si le marxisme promettait l'abondance, l'écologisme ne promet que le dénuement, la précarité, la décroissance et, finalement, la misère *choisie*.

12 « Si les 'ennemis' de la 'société écologique' se trouvent bien entendu du côté des forces du capitalisme, il serait faux et dangereux d'oublier qu'ils font aussi partie de l'histoire même de la gauche et du socialisme dans ses orientations majoritaires, encore prégnantes. » : Serge Audier, *La société écologique et ses ennemis. Pour une histoire alternative*, Paris, Seuil, 2017.

II. Premier écologisme

Man is everywhere a disturbing agent.
Wherever he plants his foot, the harmonies
of nature are turned to discords.

George Perkins Marsh (1864)[13]

La perpétuation de notre système économique
est physiquement impossible.

William Stanley Jevons, (1865)[14]

L'écologisme comme doctrine dotée de prétentions politiques est antérieur à la théorie du réchauffement climatique anthropique. On en décèle les premières esquisses au dix-neuvième siècle, dans les travaux de Henry David Thoreau (1817-1862) et Élisée Reclus (1830-1905) ; en 1864, George Marsh publie *Man and Nature*, qui dénonce l'épuisement des ressources, la défiguration des paysages

13 « L'homme est partout un agent perturbateur. Partout où il plante le pied, les harmonies de la nature sont transformées en discordes. », *Man and Nature : Or, Physical Geography as Modified by Human Action*, New York, C. Scribner, 36.

14 *An Inquiry Concerning the Progress of the Nation, and the Probable Exhaustion of Our Coal Mines*, MacMillan.

par l'Homme, et le rôle néfaste – déjà ! – des « private corporations ». C'est en 1866 qu'est forgé le terme écologie, par le zoologiste allemand Ernst Haeckel.

La thèse dominante de cet écologisme dix-neuvièmiste est que, par son exploitation sauvage, indiscriminée et illimitée des ressources, inéluctablement l'homme les épuise. Ce premier écologisme est malthusien, du nom de l'économiste britannique Thomas Malthus qui, à la croisée des XVIIIe et XIXe siècles, formulait la thèse de l'effondrement de l'humanité par son augmentation exponentielle, face à l'augmentation médiocrement linéaire des ressources.

Au vingtième siècle, les travaux d'auteurs tels que Arne Næss, Ludwig Klages, Aldo Leopold, Hans Jonas et Dave Foreman bâtissent à l'écologisme sa première structure théorique spécifique, en plaidant une éthique de la Terre, la reconnaissance des droits « de l'homme » aux animaux et à l'écosystème, l'arrêt du progrès, le renoncement à la technique.

Selon cette éthique dés-anthropocentrée, l'homme n'est qu'une créature parmi d'autres. Le primat revient à la totalité, souvent désignée à partir de 1970 sous le nom de la déesse Gaïa (James Lovelock), personnifiant la Terre comme être vivant.[15]

Cette dégradation ontologique de l'homme est fondatrice de l'écologisme contemporain.

15 *Gaia : A New Look at Life on Earth.*

III. Une éthique « physisiste », ou la rechute

L'environnement est une totalité vivante.

Etopia[16]

Du grec *physis*, nature, l'éthique physisiste – non humaniste – de l'écologisme marque une rupture radicale avec la tradition occidentale.

Dans l'ensemble de ses composantes, le socialisme égalitariste et matérialiste mesure toutes choses à l'aune de la réalité matérielle de l'homme.

Tout aussi anthropocentrée est l'éthique du libéralisme, ce progressisme économique et technologique dont le champion est l'homme, sa liberté, ses entreprises personnelles au sens le plus large de l'expression.

Il n'est pas jusqu'à l'éthique chrétienne qui ne soit strictement anthropocentrée, en dépit des célébrations par saint François d'Assise de la nature – jamais déifiée – et des concessions environnementalistes de l'étrange encyclique *Laudato si'*. Dans la théologie chrétienne, l'homme est seul à l'image de Dieu. La nature n'est en rien méprisée, mais elle n'est que le réceptacle de la créature faite à l'image de Dieu : l'Homme.

[16] Centre d'animation et de recherche en écologie politique associé au parti belge « Écolo ».

L'écologiste américain Lynn White ne s'y est pas trompé, quand il répudie l'anthropologie chrétienne dans *Science*, en 1967 : « Nous continuerons à avoir une crise écologique qui empire jusqu'au moment où nous rejetterons l'axiome chrétien que la nature n'a pas d'autre raison d'exister que de servir l'homme. (…) Tant notre science que notre technologie actuelles sont tellement imbues d'arrogance chrétienne envers la nature qu'aucune solution à notre crise écologique ne peut être attendue d'elles seules. Puisque les racines de nos problèmes sont si largement religieuses, le remède doit également être essentiellement religieux. »[17]

Signalons, pour terminer ce bref tour d'horizon de la tradition, la phénoménologie heideggérienne, qui institue l'homme en transcendance unique, conscience et source de sens. Trois « monopoles » qui font de l'*Anthropos* l'axe du monde sensé chez Heidegger.[18]

Il faut gagner les marches extérieures de la tradition pour se frotter à d'autres éthiques physisistes – car le physicisme en éthique n'est pas une invention écologiste.

Prenons par exemple les gnostiques, dont on sait trop peu, mais suffisamment pour comprendre la structure de leur rapport au monde. Formidable composite de sources grecques, judéennes, romaines et chrétiennes, le gnosticisme, qui prospère au IIe siècle de notre ère, voit dans l'homme le reflet d'un Dieu pur et parfait, enfermé dans sa condition corporelle par un dieu mauvais et méchant.

[17] 10 mars 1967, volume 155, n°3767.

[18] Martin Heidegger, *Être et Temps*, Paris, Gallimard, 1986 (1927), p. 36 : « Le Dasein est un étant qui n'apparaît pas seulement parmi d'autres étants. Ce qui le distingue ontiquement, c'est que, dans son être, il y va pour cet étant *de* cet être. (…) Ce qui distingue ontiquement le Dasein, c'est qu'il *est* ontologique. »

Son lien à la perfection divine, l'homme le tient de sa connaissance – la Gnose – qui lui est directement confiée par le Dieu pur et parfait. La corporéité est perçue par les gnostiques comme un enfermement, une servitude, une simple attente du retour vers le Dieu parfait. La domestication de la nature, *l'état même de présence au monde* sont vécus comme anomalies ; le salut ne peut naître que de l'abstention au monde, dans l'attente du retour – par la mort – à la pureté du tout.[19]

Il est inutile de se livrer à de factices tentatives de nouer un lien généalogique entre l'éthique écologiste et l'éthique gnostique. Il n'existe, à notre connaissance, aucun auteur, école ou chapelle écologiste qui se revendique directement des gnostiques.[20]

Mais comment ne pas voir la similarité de leur concept éthique ?

Comment ne pas voir que l'abstention au monde des gnostiques ne se distingue en rien de l'abstention au monde des écologistes ? Comment ne pas voir l'identique disqualification – par des voies divergentes – de la maîtrise de la nature ?

[19] Voici les caractéristiques de l'éthique gnostique selon Yves Chalas, *Vichy et l'imaginaire totalitaire*: connaissance salvifique de la totalité, manichéisme impliquant un combat héroïque contre les tenants du mal dans ce monde, affliction rédemptrice comme phase intermédiaire entre la chute initiale et la plénitude à venir (Actes Sud, 1985, 46).

[20] Hans Jonas a travaillé sur la gnose et les gnostiques. Sa thèse de doctorat (sous la direction de Heidegger) est intitulée *Der Begriff des Gnosis* (1928 ; je remercie le Pr. Ernest Mund d'avoir attiré mon attention sur ce fait.). Il a également publié une *Religion gnostique* (1958), très fouillée bien que n'ayant pu prendre en compte la découverte des textes gnostiques égyptiens à Nag Hammadi. Si Jonas considère que le gnosticisme informe notre vision de la nature et de l'homme, il n'inscrit expressément *pas* « l'éthique écologiste » – en réalité, une métaphysique de la nature – dans la filiation directe de l'éthique gnostique (cfr. *infra*).

Si l'éthique écologiste se distingue de la gnostique, c'est par sa radicalité[21] : les gnostiques reconnaissent à l'homme un lien au divin ; par le don qui en est fait à la créature humaine, il n'est pas jusqu'à la connaissance humaine qui ne soit comme une émanation de la divinité. Rien de tel dans l'éthique écologiste,[22] qui ne reconnaît à l'homme aucun primat d'aucune sorte, sinon dans sa capacité de nuire au « Tout vivant ».

Dans la Genèse, l'homme est chassé du jardin d'Eden mais n'en conserve pas moins sa transcendance. Par l'éthique écologiste, l'homme subit une nouvelle dégradation, car le voici chassé de sa transcendance.[23]

L'éthique écologiste est physisiste et même physico-morphiste car elle reconnaît, dans la plupart de ses déclinaisons, une réalité vivante à l'écosystème : « l'environnement est un écosystème, c'est-à-dire *une totalité vivante auto-organisée d'elle-même*

[21] Si Jonas refuse d'inscrire son éthique écologiste dans la filiation directe de l'éthique gnostique, c'est parce que le gnosticisme lui paraît trop « dualiste », donnant à l'homme une spécificité – une insularité – que rien, selon lui, ne justifie. En ce sens, l'éthique de Jonas est plus radicale – dans sa dégradation ontologique de l'homme – que ne l'a jamais été le gnosticisme (*La religion gnostique*, Flammarion, 1992, 440s.). Voy. également son interview à *Esprit*, mai 1991, 9.

[22] L'imputation de panthéisme – déification de la Nature – qui est faite à l'écologisme est plaidable, encore que mobilisant un concept divin dont, en réalité, l'écologisme se passe fort bien. On peut être écologiste en divinisant la Nature aux dépens de l'homme ; on peut l'être aussi en se cantonnant à la dégradation ontologique de l'homme, sans qu'il soit besoin de diviniser la nature en tant que telle. Le concept de « Tout-vivant » est panthéiste. Voy. la tentative de compréhension du Tout-vivant, *infra*.

[23] La prise en compte de cette transcendance de l'homme, qui est une réalité objective, est ce qui a conduit l'influent environnementaliste James Lovelock à prendre ses distances avec l'écologisme : « We are the intelligent elite among animal life on earth and whatever our mistakes, <Earth> needs us. This may seem an odd statement after all that I have said about the way 20th century humans became almost a planetary disease organism. But it has taken <Earth> 2.5 billion years to evolve an animal that can think and communicate its thoughts. If we become extinct she has little chance of evolving another. » *The Vanishing Face of Gaia : A Final Warning*, Basic Books, 2009.

(spontanée) »[24], explique Etopia, centre d'animation et de recherche en écologie politique associé au parti belge Écolo (dans une formule quadruplement pléonastique).[25]

En toute rigueur terminologique, il n'existe pas d'éthique écologiste, seulement ce que Hans Jonas nomme une « métaphysique de la nature »[26].

Mammifère nuisible, créature parmi les créatures, l'éco-humain subit une dégradation ontologique sans précédent dans la tradition occidentale.

[24] https://etopia.be/introduction-a-la-philosophie-economique-et-politique-de-lecologie/

[25] https://etopia.be/pourquoi-etopia/

[26] Interview à *Esprit*, 1991, 16.

À la recherche d'Isabelle

« Stérilisons ! Stérilisons ! Stérilisons ! »

Nouvel Évangile selon Paul, 2024

Refusant de se satisfaire des explications alambiquées de son père, Mathieu résout de partir à la recherche d'Isabelle et de sa famille. Cet enfumage sur le « Grand Tout » et autres grands ceci cela dont on lui a farci les oreilles avant qu'on ne ferme l'école, cela ne lui dit plus grand chose. À l'époque de l'école, oui, bien sûr, car l'information sur l'homme, ses crimes et les devoirs à l'égard de Sophia-Gaïa, notre mère, étaient constants. Inoubliables, aussi, les ateliers autour du concept de CrimCO$_2$ dans ses multiples déclinaisons ! Mais tout cela est loin et Mathieu a désormais d'autres priorités : retrouver son amie disparue.

Mathieu s'engage dans la direction de la sorte de chalet qu'occupaient Isabelle et sa famille, mais bientôt se ravise. Il sait qu'il n'y trouvera rien de plus que lors de sa dernière visite, c'est-à-dire les affaires d'Isabelle et de ses parents – elle n'avait évidemment pas de frères et sœurs, plus personne n'en avait, et maintenant il n'y avait d'ailleurs plus aucun autre enfant que Mathieu dans le village. Par ce motif, Mathieu sait que son père se trompe et que la famille d'Isabelle n'est pas partie de son plein gré. Elle doit avoir été chassée, ou enlevée de force.

Mathieu prend la direction opposée, celle du complexe de la Nomenklature des Ressources, que ses illuminations nocturnes nimbent, maintenant que les habitations ne sont plus alimentées en électricité qu'entre 7 et 22 heures, d'une aura démoniaque.

IV. La Bombe P (1968)

Des centaines de millions d'êtres humains vont mourir de faim dans les années 1970-1980.

Paul Ehrlich, *La Bombe P*, 1968, 13.

En 1968, Paul Ehrlich démontrait dans *La Bombe P* (comme population) que sa croissance menait l'humanité à sa perte. Qu'un basculement était imminent, nous condamnant à la précarité, la famine et, finalement, la mort collective. Il y a dans cette discordance alléguée par Malthus entre la progression arithmétique des ressources et la progression géométrique (exponentielle) de l'humanité une séduction qui ne s'est jamais démentie.

L'ouvrage d'Ehrlich s'appuie sur un malthusianisme classique : « Nous savons maintenant qu'il est impossible d'accroître la production de nourriture à une cadence telle qu'elle suive l'accroissement de la population »[27], pour préconiser un chapelet de mesures concrètes visant à enrayer le « cancer » de la démographie (pp. 15 et 226) : l'avortement, « moyen radical de contrôle démographique » (p. 129), le déversement de substances stérilisantes dans l'eau potable (*sic*, p. 194), un « renversement complet de notre système de valeurs », « modifier notre mode de vie » (p. 14), la rééducation du public (p. 61), et jusqu'à la stérilisation forcée, par vasectomie, des populations – les Hindous et Pakistanais sont

[27] Paul R. Ehrlich, *La Bombe P*, Paris, Flammarion, 1973 (1968).

expressément mentionnés[28] – qui ont fâcheusement tendance à se reproduire « comme des lapins » (pp. 123-125). Ehrlich renoue avec le racisme littéral et assumé de Thomas Malthus.

On a moqué les prédictions apocalyptiques d'Ehrlich – « famines massives » à partir de 1980 (p. 49), « des centaines de millions d'êtres humains vont mourir de faim dans les années 1970-1980 » (p. 13), « en 1984 nous serons tout bonnement en train de mourir de soif » (p. 141), « nos adolescents d'aujourd'hui risquent fort de ne jamais parvenir à l'âge d'homme » (p. 134) – grossièrement démenties par les faits.[29]

Pourtant, *The P Bomb* est à maints égards précurseur. On y retrouve l'anti-humanisme échevelé de l'écologisme contemporain, la volonté de ramener par la contrainte la population humaine à une fraction de ce qu'elle est – Ehrlich parle de 500 millions, une réduction drastique qui serait la solution finale au problème écologique (p. 76) – et jusqu'à l'idée d'instituer « une Taxe internationale pour la Survie, payable par les pays sur-développés aux pays sous-développés, la plus grande partie étant versée par l'intermédiaire des Nations Unies » (p. 115), car « les hommes et les nations ont appris à quel point nous sommes tous dépendants les uns des autres et dépendants de la santé de notre petit vaisseau spatial baptisé Terre » (p. 114).

[28] « Quand nous avons proposé de stériliser tous les hommes indiens ayant au moins trois enfants, nous aurions dû inciter le gouvernement indien à mettre ce plan en application. Nous aurions dû offrir notre aide logistique sous forme d'hélicoptères, de véhicules, d'instruments chirurgicaux. Nous aurions dû envoyer des médecins pour en faciliter l'exécution, ils auraient mis en place des centres de formation pour aides médicaux, spécialisés en vasectomie. Est-ce de la contrainte ? Peut-être, mais pour la bonne cause. » (p. 225)

[29] La carrière littéraire de Paul Ehrlich est jalonnée de prévisions outrancières et absurdes – « I would take money that England will not exist in the year 2000 » – qu'il est inutile de reproduire ici ; le lecteur intéressé entrera « Paul Ehrlich quotes » sur Google, pour se distraire.

Ces lignes, qui datent de 1968, ne préfigurent-elles pas de magistrale façon le «Fonds vert» institutionnalisé par l'Accord de Paris (2015) qui porte le transfert annuel, sous l'égide des Nations Unies, de 100 milliards de dollars de l'Occident vers le reste du monde[30] ?

Un demi-siècle après la parution de cet ouvrage, la population mondiale n'a jamais été aussi nombreuse, dans le même temps que la famine n'a jamais été aussi rare. Le progrès technologique – notamment les techniques agricoles modernes, ce qu'on nomme la révolution verte[31] – permet de nourrir mieux 7,5 milliards d'âmes que ne se nourrissait l'humanité pré-moderne lors même qu'elle ne comptait que quelques centaines de millions d'âmes.[32]

[30] « Accord de Paris sur le changement climatique », https ://www.consilium.europa.eu/fr/policies/climate-change/timeline/

[31] À noter que l'expression « révolution verte » fut forgée par la Banque mondiale pour décrire les miracles du progrès agricole de l'Inde et du Pakistan, soit précisément les deux pays pour lesquels l'auteur de la *Bombe P* ne voyait d'autre solution que des vasectomies massives, des stérilisations forcées et autres déversements de substances stérilisantes dans l'eau potable. Sur la révolution verte, voyez la remarquable synthèse de Guy Sorman, *La nouvelle richesse des nations*, Paris, Fayard, 1987, « Poche », 217s.

[32] Les données publiées par la *Food and Agriculture Organization* (FAO) des Nations Unies ne laissent aucun doute, aussi longtemps qu'on veut bien regarder les pourcentages. Ainsi, 37 % de la population mondiale souffrait encore de malnutrition en 1970, contre 12 % en 2010. Les annonces des dernières années se compliquent de la volonté de valoriser la théorie du RCA. Ainsi, cet article de l'Organisation mondiale de la santé (OMS) – laquelle relève également de l'ONU – titrait-il en septembre 2018 « La faim dans le monde continue d'augmenter », et de développer : « 821 millions de personnes souffrent à présent de la faim » (https ://www.who.int/fr/news-room/detail/11-09-2018-global-hunger-continues-to-rise---new-un-report-says). Toute personne qui prend connaissance de ce texte conclura qu'en effet la faim dans le monde s'aggrave. Toutefois, rapporté au volume global de la population, le pourcentage de personnes souffrant de la faim dans le monde est depuis quatre ans (2014) inférieur à 11 %, fait unique dans l'histoire de l'humanité. Cela, en dépit d'une population qui, dans certaines régions du monde, persiste à croître. Le pourcentage de population qui souffre de la faim n'a *jamais* été aussi *faible* dans l'histoire de l'humanité, dans le même temps que l'humanité n'a jamais été aussi *nombreuse*.

Il n'aura d'ailleurs échappé à personne que la *Bombe* de Monsieur Ehrlich repose sur un paradoxe, consistant à exiger une réduction drastique de la population mondiale, pour éviter une réduction drastique de la population mondiale.

V. Le Rapport Meadows (Club de Rome), 1972

There will be a desperate land shortage before the year 2000 if per capita land requirements and population growth rates remain as they are today.

« Rapport Meadows », 1972, p. 51

En 1972, le Club de Rome publiait le « Rapport Meadows »[33], qui mérite que nous nous y arrêtions. Pas pour sa méthode naïve, ni sa capacité prédictive systématiquement battue en brèche, mais pour sa préfiguration du mouvement écologiste contemporain, dont les rapports du GIEC.

Procédant au départ d'un nombre limité d'agrégats – ressources, nourriture disponible par tête, population mondiale, production industrielle par tête et pollution –, les auteurs du Rapport Meadows proposent des simulations des évolutions possibles de 1900 à 2100, en jouant sur les facteurs.

Toutes les simulations « Meadows » ont en commun de prédire l'effondrement (« collapse ») de la production et de la population si les facteurs sont laissés à leur évolution spontanée. La seule variable est le moment – plus ou moins éloigné – du « collapse ». La figure 36 (p. 127) prédit un « collapse » plus tardif que la figure 35 – par l'hypothèse de réserves plus grandes qu'estimées en 1970 – mais

[33] Meadows, Meadows, Randers et Behrens, *The Limits to Growth*, 1972.

un collapse néanmoins : « The larger industrial plant releases pollution at such a rate (...) that the environmental pollution absorption mechanisms become saturated. Pollution rises very rapidly, causing an immediate increase in the death rate and a decline in food production. At the end of the run resources are severely depleted in spite of the doubled amount initially available. »[34]

Le cœur de l'argument réside dans le caractère limité de « notre Terre » et de ses ressources (p. 86) ; ce caractère limité des ressources répond par avance à toute critique de l'inexorabilité du collapse.

C'est le mérite du rapport Meadows de prendre en charge l'argument de la technologie. L'invention du nucléaire est comptabilisée, dans son effet favorable sur l'exploitation des ressources et sur le recyclage (figure 37). Las ! La pollution aura bientôt raison de ces progrès : collapse. Les auteurs vont jusqu'à imaginer que l'énergie nucléaire permettra de mieux maîtriser la pollution (figure 39) : en vain, car « These changes allow population and industry to grow until the limit of arable land is reached. Food per capita declines, and industrial growth is also slowed as capital is diverted to food production. »[35] (p. 136) ; le collapse naît cette fois de la raréfaction de la nourriture, car les limites des terres arables sont atteintes...Imposons le contrôle des naissances ? Le collapse n'est repoussé que d'une décennie « ou deux ». Impitoyable modèle mathématique...

[34] « Les grandes installations industrielles rejettent la pollution à un taux (...) tel que les mécanismes d'absorption de la pollution environnementale deviennent saturés. La pollution augmente très rapidement, entraînant une augmentation immédiate du taux de mortalité et une baisse de la production alimentaire. À la fin de la simulation, les ressources sont gravement épuisées malgré le doublement du volume initialement disponible. »

[35] « Ces changements permettent à la population et à l'industrie de croître jusqu'à atteindre la limite des terres arables. Le volume de produits alimentaires par habitant diminue et la croissance industrielle est également ralentie, le capital étant détourné vers la production alimentaire. »

L'erreur des partisans de la technologie est de ne pas accepter ni comprendre l'idée de Limite : « The hopes of the technological optimists center on the ability of technology to remove or extend the limits to growth of population and capital. We have shown that in the world model the application of technology to apparent problems of resource depletion or pollution or food shortage *has no impact on the essential problem, which is exponential growth in a finite and complex system.* »[36] (p. 145, italiques ajoutés).

Le Rapport se laisse aller à accuser la « révolution verte », dont il reconnaît pourtant les mérites, de possiblement accroître la malnutrition, car les pauvres n'ont pas les moyens d'acheter la nourriture produite (p. 147) : une coquetterie qui se passe de commentaire.

La solution ? Au lieu de nier la Limite, il faut apprendre à composer (p. 150). Alors le modèle trouve son équilibre, tout simplement en arrêtant la croissance économique (définie comme production industrielle par tête) et contrôlant de la façon la plus rigoureuse les naissances.[37] Adviendra l'Équilibre Global (figure 46).

« Such counterpressures will probably not be entirely pleasant », concèdent les auteurs. Par exemple, les Américains devront accepter une modeste réduction de leur niveau de vie, de l'ordre de 50 % (p. 165). Simple formalité. Car, c'est l'Équilibre ou le Collapse.

[36] « Les espoirs des optimistes technologiques reposent sur la capacité de la technologie à supprimer ou à étendre les limites de la croissance de la population et du capital. Nous avons montré que, dans le modèle mondial, l'application de la technologie à des problèmes apparents d'épuisement des ressources, de pollution ou de pénurie de nourriture n'a aucun impact sur le problème essentiel, à savoir la croissance exponentielle dans un système complexe et fini. »

[37] Pour éviter que ne s'effondre la croissance économique, le Rapport Meadows préconise de la réduire à néant.

Certes, même dans l'Équilibre Global les ressources iront s'amenuisant – selon la définition du concept ressource par les Rapporteurs. Toutefois, notent-il page 166 dans une formule qui réfute l'intégralité des 165 pages précédentes : « Resources are still being gradually depleted <en Équilibre Global>, as they must be under any realistic assumption, but the rate of depletion is so slow that *there is time for technology and industry to adjust to changes in resource availability.* »[38]

Les auteurs du Rapport se refusent à dire comment s'effectuera la transition de la Croissance à l'Équilibre, comment l'Équilibre sera maintenu, et ne semblent pas comprendre que si on arrête la croissance, on arrête le progrès technologique, qui lui est consubstantiel.

Corniaud de la raison, le Rapport Meadows se caractérise à la fois par sa fantaisie et sa formidable postérité politique.

Telle est l'ambiance générale du premier écologisme : essentiellement morale, bien que mâtinée de prétentions scientisantes sur le thème malthusien de l'épuisement des ressources.

38 « Les ressources sont toujours en train de s'épuiser progressivement <en Équilibre Global>, car elles doivent être fondées sur des hypothèses réalistes, mais le rythme d'épuisement est si lent que la technologie et l'industrie ont le temps de s'adapter aux changements dans la disponibilité des ressources. »

VI. Vulnérabilité intellectuelle du premier écologisme

The ultimate resource is the human imagination coupled to the human spirit.

Julian Simon, *The Ultimate Resource*, 1981

Constatons la vulnérabilité intellectuelle de ce premier écologisme. La variable erronée est celle des ressources : par son inventivité technique, l'homme fait croître les ressources exploitables de façon exponentielle. Comme l'a montré le philosophe Corentin de Salle, dans la lignée des travaux de l'économiste américain Henry George (1839-1897) et surtout de l'économiste statisticien Julian Simon (*The Ultimate Resource*, 1983), il n'est pas jusqu'au concept de « ressource » qui ne soit, en fait, proprement humain.

C'est par sa capacité à s'en ménager l'exploitation que l'homme s'invente littéralement les ressources dites « naturelles », comme on parle en droit de l'invention d'un trésor. L'argument « oui, mais la Terre est tout de même limitée » ne rend aucunement justice au caractère précisément exponentiel et démiurgique de cette invention des ressources.

Encore tout ce débat est-il faussé par l'obsession des énergies fossiles. Dans leur cas, la distinction est entre les *réserves* – les ressources prouvées – et les *ressources théoriques*, qui ne sont pas localisées, ou qui sont localisées mais qui ne sont pas exploitables. Par définition, les réserves ne constituent jamais qu'une fraction des ressources.[39]

Toutefois, les ressources d'une économie ne se cantonnent pas aux matières dites premières. Gagnons l'autre extrémité de la chaîne économique et considérons la population des poulets. Quand l'homme vit de chasse et de cueillette, la population des poulets est peut-être de quelques dizaines de milliers à la surface de la Terre. Elle se dénombre aujourd'hui en milliards. Le couple conceptuel réserve/ressource est incapable de rendre compte de la capacité qu'a l'homme de se *créer* des ressources.[40] Les réserves actuelles de poulets ne viennent pas s'imputer sur une ressource « poulets » dont elles ne seraient jamais qu'une fraction : c'est la ressource elle-même que l'homme crée.

L'important n'est pas l'existence d'une limite théorique globale – que personne ne conteste et qui est un truisme, en l'espèce des principes de la thermodynamique –, mais la croissance exponentielle des ressources exploitables, y compris les matières primaires, qui empêche de *situer* la limite théorique. La privant du fait même de pertinence, en pratique comme en théorie.[41]

[39] Je remercie le Pr. Samuel Furfari d'avoir attiré mon attention sur l'importance de ce couple conceptuel.

[40] « Une augmentation de la population des faucons conduit à une chute de la population des poulets. Mais une augmentation de la population humaine conduit à une augmentation de la population des poulets », notait malicieusement Henry George, cité par Corentin de Salle, « L'archaïque conception cosmologique du WWF », *Itinera Institute*, https ://www.itinerainstitute.org/fr/article/larchaique-conception-cosmologique-du-wwf/

[41] Ce que reconnaissent les auteurs du Rapport Meadows lorsqu'ils écrivent en passant : « There is no single variable called 'technology' in the world model. *We have not found it possible to aggregate and generalize the dynamic implications of technological development because different technologies arise from and influence quite different sectors of the model.* » (p. 130, italiques ajoutés).

La principale ressource de l'humanité, c'est l'Homme.

VII. Vulnérabilité empirique du premier écologisme

Jamais dans l'histoire de l'humanité l'homme n'a eu à revenir en arrière dans son développement parce qu'une matière première lui a fait défaut.

Samuel Furfari, *L'écologie au pays des merveilles*[42]

Les cinquante dernières années de l'histoire de la Terre ont vu se développer deux phénomènes concomitants : l'explosion démographique et la régression partout de la faim.

Pour la première fois de son histoire plusieurs fois millénaire, la Chine a éradiqué la famine, dans le même temps que sa population – ni la population d'aucun pays dans l'histoire – n'a jamais été aussi nombreuse.

De même pour l'Inde, le Pakistan et quantité de pays de moindre taille.

Les famines subsistantes sont généralement causées par la guerre, souvent dans des pays *sous*-peuplés, comme la Bolivie.

Prenant au mot Paul Ehrlich que nous avons déjà rencontré dans ce travail, l'économiste Julian Simon lui proposait en 1980 de choisir cinq matières premières, non contrôlées par le gouvernement, et

[42] Paris, François Bourin, 2012, 118.

de fixer une échéance librement, pour juger de l'évolution de leur coût. Dans la logique malthusienne et catastrophiste de Ehrlich, le prix de ces matières premières ne pouvait qu'exploser. Quant à lui, Julian Simon prédisait que leur prix baisserait. Dix ans plus tard, le prix des cinq matières premières choisies par Ehrlich avait baissé sans la moindre exception, dans le même temps que la population mondiale augmentait – de 1980 à 1990 – de 800 millions d'âmes.[43]

Le malthusianisme est une théorie qui ne s'est jamais vérifiée dans l'histoire d'aucun pays. Elle est aussi effectivement réfutée en concept que dans l'empirie.

Mais l'idéologie est invincible.[44]

[43] Ed Regis, « The Doomslayer », Wired, https://www.wired.com/1997/02/the-doomslayer-2/ Ehrlich poursuivit sa carrière dans le catastrophisme littéraire.

[44] Interrogé 40 ans après la publication de son Rapport, l'un des Meadows, Dennis, persiste et signe : « l'idée commune est, aujourd'hui encore, qu'il n'y a pas de limites. Et lorsque vous démontrez qu'il y en a, on vous répond généralement que ce n'est pas grave parce que l'on s'approchera de cette limite de manière ordonnée et tranquille pour s'arrêter en douceur grâce aux lois du marché. Ce que nous démontrions en 1972, et qui reste valable quarante ans plus tard, est que cela n'est pas possible : le franchissement des limites physiques du système conduit à un effondrement. «, https://www.lemonde.fr/planete/article/2012/05/25/la-croissance-mondiale-va-s-arreter_1707352_3244.html

La Nomenklature des Ressources

« Mourir = aimer »

Principes Simplifiés de la Nomenklature des Ressources, 2026

Mathieu ignore le moment précis de la prise de pouvoir par la Nomenklature des Ressources (NDR). Son père lui a expliqué que la Nomenklature s'est affirmée lorsque, parvenue à une forme de maturité, l'humanité a compris que sa mission est de réparer la Planète pour la transmettre viable aux générations futures. La NDR entretient des « branches » ou antennes locales partout en Europe et ailleurs dans le monde. Sa domination permet une gestion enfin rationnelle des ressources – par contraste avec ce que son père nomme la « production excrémentielle » du capitalisme. Toutes ces données sont floues, depuis le Débranchement Volontaire du réseau internet.

Mathieu se tient aux abords du premier périmètre de le NDR – de simples barrières électrifiées –, il n'a jamais été plus loin. La Nomenklature s'étend à perte de vue. Complexe immense, d'un blanc rutilant, elle offre la singularité d'une électrification permanente.

Le soleil est brûlant, car on est en août. Fichu réchauffement climatique anthropique ! songe Mathieu. Fichus égoïstes des générations précédentes, saccageurs du Tout-vivant !

Tapi dans l'ombre d'un arbre, comme il se demande s'il arrivera à pénétrer l'effroyable complexe, Mathieu perçoit un bruit insolite. Une sorte de vrombissement, qui se rapproche. Mathieu s'aplatit dans les aiguilles de conifère qui jonchent le sol... Paraît dans la courbe de ce qui fut une route – et qui le redevient à l'approche du complexe – un... camion ! Un camion ! Mathieu ne revient pas de suite sur le mot, car la chose a disparu depuis tant d'années ! Un camion bâché. L'engin se rapproche et passe à quelques mètres de Mathieu, qui aperçoit des passagers. Car le camion est ouvert à l'arrière ; des femmes sont assises, Mathieu les aperçoit distinctement.

VIII. L'écologisme scientifique

On estime que les activités humaines ont provoqué un réchauffement planétaire d'environ 1,0 °C au-dessus des niveaux préindustriels, avec une valeur probable comprise entre 0,8 °C et 1,2 °C. Il est probable que le réchauffement climatique atteigne 1,5 °C entre 2030 et 2052 s'il continue d'augmenter au rythme actuel (degré de confiance élevé).

GIEC, SR15 (2018), SPM, A1.

Au terme du XXe siècle, de l'écologisme comme théorie rationnelle, il ne reste qu'une petite éthique anti-humaniste locale et curieusement fagotée d'arguments scientifiques périmés. En somme, une superstition.

Surgit la théorie du réchauffement climatique anthropique.

Cette théorie s'est affirmée de façon progressive, à la faveur d'un phénomène institutionnel et normatif original.

Jusqu'aux années 70 et 80 du XXe siècle, il n'était pas rare que la presse annonce une nouvelle ère, non pas de réchauffement, mais glaciaire. Ce sont les mêmes revues qui nous dépeignent la Terre comme boule de glace fondante, qui nous la montraient paralysée dans les arêtes d'une banquise dantesque.[45]

Le motif de cette volte-face tient en quatre lettres : GIEC, l'acronyme qui désigne le groupe intergouvernemental de l'ONU sur le climat.[46] Inutile d'entrer dans les arcanes généalogiques et organiques de cette institution ; rappelons seulement que la mise en place de ce groupe diplomatique sur le climat répondait notamment à la volonté du gouvernement britannique d'offrir une caution scientifique à sa prédilection pour le nucléaire (fin des années 80[47]). L'objet d'étude donné au GIEC est l'influence de l'homme sur le climat – pas de la nature et de l'homme : seulement de l'homme.

Le GIEC se mit aussitôt au travail et d'égrener des rapports en trois volets : résumé de la science du climat, effets nocifs pour l'homme, mesures à mettre en œuvre pour y remédier.

On lit souvent que le problème du GIEC est que le résumé pour les décideurs gomme les incertitudes du rapport en tant que tel.

Cette critique est fondée, mais superficielle.

[45] *Time* titrait en décembre 1979 sur « The cooling of America » ; *Newsweek* démontrait en avril 1975, graphes à l'appui, l'inéluctable refroidissement planétaire (« The Cooling World »).

[46] En anglais IPCC, pour *Intergovernmental Panel on Climate Change.*

[47] « Thatcher & Global Warming : From Alarmist to Skeptic », https ://www.masterresource.org/climate-exaggeration/thatcher-alarmist-to-skeptic/

Le problème du GIEC est double : d'une part, il se prétend scientifique « The IPCC is a scientific body » alors qu'il ne l'est en rien, car tout entier – composition, compétences, fonctionnement – politique et même diplomatique.[48]

D'autre part, le GIEC prétend *dériver* les « mesures préconisées » – troisième partie de ses rapports – du résumé scientifique de la première partie. Un procédé naïf consistant à dériver la norme – ce qui doit être – du constat de ce qui est. Or, il est rationnellement impossible de dériver une norme d'un fait.

Par ce motif, la valeur rationnelle des rapports du GIEC est nulle. Non pas discutable, amendable : égale à zéro.

Ce nonobstant, les rapports du GIEC sont célébrés depuis 30 ans dans la plupart des chancelleries occidentales – à l'exception notable de la Maison Blanche, depuis 2016 – comme la voix de la science. Ce n'est pas le GIEC qui constate et préconise ; c'est la Science qui parle.

Depuis son deuxième et surtout son troisième rapport, le GIEC privilégie la théorie du réchauffement climatique anthropique, selon laquelle l'homme, par sa production de CO_2 (plus généralement, de gaz dit à effet de serre[49]), cause un réchauffement du climat qui aura des effets délétères.

[48] Voy. notre *GIEC est mort, vive la science*, 2010.

[49] Dans la suite de ce texte, on entendra par « CO_2 » le CO_2 et autres gaz dits à effet de serre.

Certes, reconnaît le GIEC, l'homme n'émet que 4 % du CO_2 global – 96 % des émissions sont naturelles.[50] Mais par un effet dit de « forçage radiatif »,[51] ce léger surplus de CO_2 humain rompt les équilibres naturels et provoque un échauffement planétaire.

Si l'ambiance du premier écologisme restait foncièrement morale en dépit de la recherche de cautions scientisantes, le nouvel écologisme se veut scientifique.

50 GIEC, AR5, figure 6.01.

51 « Le forçage radiatif mesure l'impact de certains facteurs affectant le climat sur l'équilibre énergétique du système couplé Terre/atmosphère. Le terme « radiatif » est utilisé du fait que ces facteurs modifient l'équilibre entre le rayonnement solaire entrant et les émissions de rayonnements infrarouges sortant de l'atmosphère. Cet équilibre radiatif contrôle la température à la surface de la planète. Le terme forçage est utilisé pour indiquer que l'équilibre radiatif de la Terre est en train d'être déstabilisé. Le forçage radiatif est généralement quantifié comme « le taux de transfert d'énergie par unité surfacique du globe, mesuré dans les hautes couches de l'atmosphère », et il est exprimé en « watts par mètre carré » (…). Un forçage radiatif causé par un ou plusieurs facteurs est dit positif lorsqu'il entraîne un accroissement de l'énergie du système Terre/atmosphère et donc le réchauffement du système. Dans le cas inverse, un forçage radiatif est dit négatif lorsque l'énergie va en diminuant, ce qui entraîne le refroidissement du système. Les climatologues sont confrontés au problème ardu d'identifier tous les facteurs qui affectent le climat, ainsi que les mécanismes de forçage, de quantifier le forçage radiatif pour chaque facteur et d'évaluer la somme des forçages radiatifs pour un groupe de facteurs » : GIEC, groupe travail 1, Questions fréquentes, FAQ 2.1, encadré 1.

IX. Les deux atouts du nouvel écologisme

Si l'on ne réduit pas très vite et massivement les émissions de gaz à effet de serre, on n'y arrivera pas. Le message des scientifiques est transmis.

La Tribune, 8 octobre 2018

La théorie du réchauffement climatique anthropique présente deux atouts inestimables : d'une part, elle est compréhensible par chacun. Le CO_2 humain est la cause du réchauffement climatique : un enfant est capable de comprendre cette proposition. Depuis 25 ans, la théorie du RCA est déclinée de mille et une façons par les médias, selon le canevas qui consiste à mettre en relation une activité humaine, fût-elle la plus anodine – manger de la viande, visiter une capitale étrangère, se chauffer, avoir un enfant –, avec les émissions de CO_2. Toute activité humaine étant émettrice de CO_2, la matrice médiatique de la théorie du RCA est infinie.

D'autre part, le RCA institue l'homme à la fois en cause du problème et comme son remède. Car si le CO_2 humain – 4 % du CO_2 total – cause le réchauffement, alors il nous est possible d'agir, car les comportements humains sont précisément l'objet du droit et de la morale.

On ne contraint pas la nature ; l'homme peut être contraint de mille et une manières ; l'histoire en atteste.

D'abord philosophie morale, l'écologisme se mua par la grâce du réchauffement climatique anthropique en théorie scientifique aux prétentions totalisantes : à la fois mondiales dans leur ambition et s'étendant à tous et chacun des gestes, activités et comportements de l'individu.

X. L'analytique totalisante de l'écologisme[52]

If you control carbon, you control life.

Richard Lindzen

S'appuyant sur la théorie du réchauffement climatique anthropique, l'écologisme se profile désormais comme théorie scientifique, dont l'empire s'étend scientifiquement à toutes choses.

Il n'est, en effet, pas un seul geste ni activité de l'homme qui ne génèrent du CO_2. Transport, chauffage, bâtiments, industrie, économie et jusqu'au simple fait de respirer: l'émission de CO_2 est consubstantielle au fait d'exister, au concept même de l'humain.[53]

«Celui qui contrôle le CO_2 contrôle tout», constatait le physicien américain Richard Lindzen[54]: cette vérité – scientifique, quant à elle – fonde l'empire, totalisant dans son principe, de l'écologisme contemporain.

52 Dans la tradition kantienne, un jugement analytique est celui dans lequel le prédicat est inscrit dans la définition du sujet.

53 Livrez-vous à cet exercice: lire le résumé du dernier rapport spécial du GIEC (SR15) en vous demandant quelle est l'activité humaine qui échappe aux velléités de contrôle des auteurs, https ://www.ipcc.ch/sr15/ Indice: aucune.

54 Communication personnelle, 2014. La molécule du carbone est CO_2.

Des régimes autoritaires scandent l'histoire occidentale ; mais le totalitarisme est une invention récente.

Le citoyen de Sparte était redevable à la cité des devoirs les plus contraignants, de l'enfance à la mort. Sparte était un camp militaire, avec ce que cela impliquait de hiérarchie, de contrôle et de soumission de l'individu aux impératifs et vues de la collectivité. Toutefois, Sparte vivait sous l'empire de la loi et de la séparation des pouvoirs (Aristote), ménageant du fait même une part de liberté aux citoyens (limitativement définis, la majorité étaient esclaves ou de la catégorie intermédiaire des Hilotes). Autoritaire et militaire, le régime spartiate l'était indubitablement ; mais la prétention totalisante, d'abolition de l'individualité, lui faisait défaut.

Nombre de monarques « absolus » eurent des velléités de régenter l'individu, mais ils n'en avaient généralement pas les moyens financiers, rarement juridiques, jamais technologiques. Surtout, la prétention totalisante leur faisait défaut. L'empire effectif de Louis XIV sur le territoire du royaume était modeste en regard de celui de nos démocraties.[55]

Le totalitarisme est une invention contemporaine, qui surgit dans les lettres au XIXe siècle, avant d'être mise en œuvre au siècle suivant.

Le fascisme n'eut pas l'opportunité de se déployer dans un temps long et l'expérience fut essentiellement militaire. Mussolini laissa subsister des éléments de pluralisme épars – dont la monarchie –, tandis que le régime hitlérien formait le peuple allemand en colonne infernale.

[55] On ne confondra pas le totalitarisme avec le despotisme, défini comme soumission de l'individu au caprice du pouvoir. Le despotisme dit l'absence d'une loi sous laquelle s'abriter des caprices du pouvoir ; il n'implique en soi aucune prétention totalisante.

Dans les fulgurances de la pathologie hitlérienne, l'Allemand n'était qu'un rouage. La théorie nationale-socialiste s'efforça de réduire en charpie conceptuelle l' « individualisme bourgeois » des Anglo-Saxons.

Planifiant la société économique, le communisme finit par la planifier entière. Institué par le meurtre, le communisme gouverna par l'arbitraire. La Chine de Mao, l'URSS de Lénine et Staline, le Cambodge des *Khmaer Krahom* sont parmi les régimes les plus « anthropophages » de l'histoire.

Jamais pourtant le totalitarisme communiste n'eut le projet ni même *l'idée* de soumettre la *totalité* de l'activité humaine à la sanction et au contrôle de l'État.[56] On ne se déplaçait, en URSS, que dans la mesure des moyens du bord, mais jamais le déplacement ou le transport ne furent considérés comme problématiques en soi. Les congés se prenaient avec parcimonie, car les moyens d'une économie planifiée sont limités, mais si le Parti en avait eu l'opportunité, il les aurait multipliés. Le confort matériel et la consommation n'étaient pas disqualifiés dans leur principe, seulement par la limitation des capacités de l'économie « rouge ».

L'*homo sovieticus* était étroitement quadrillé, opprimé, matériellement limité, quand il n'était pas déporté et tué. Mais il n'a jamais été considéré par le Parti et l'État comme problème en soi, dans son humanité même.

La divergence de l'écologisme avec les totalitarismes précédents n'est pas à la marge : elle marque une rupture ontologique.

Si le CO_2 humain est le problème, alors l'homme est le problème.

[56] Sigmund Krancberg, « Controlling Individual Development and Behavior », *Studies in Soviet Thought*, vol. 27, n°4, mai 1984, 319-334.

Le mystère s'épaissit

«Je n'est rien, Tout est tout»

Dépasser l'humanité (ouvrage collectif), 2031

C'est ce que se dit Mathieu, après qu'il a réussi à se hisser discrètement dans le camion des femmes, à la faveur de sa petite taille. L'une de ces femmes, qui ne parle malheureusement pas sa langue, l'a aidé à monter à ses côtés, après un premier mouvement de recul, les yeux écarquillés, en le voyant crapahuter derrière le camion.

Ces femmes ressemblent à sa mère, juste avant l'Humusation: l'air résigné, passablement délabrées, comme absentes de leur propre corps. Mornes incarnations du désespoir... Non seulement ne lui parlent-elles pas, mais elles ne se parlent pas entre elles. Partagent-elles la même langue?

Le camion pénètre sans encombre dans la Nomenklature des Ressources.

Vu de l'intérieur, le complexe de la Nomenklature ressemble à s'y méprendre aux Anciennes Villes décrites dans les livres. Des lumières partout, des routes asphaltées, des camions et véhicules de toutes sortes, d'insolites cheminées. Du bruit, partout du bruit. Mathieu n'a jamais vécu cet insolite et permanent brouhaha qui l'empêche de se concentrer.

Avisant une sorte de remblais le long d'un bâtiment, l'enfant saute du camion et va s'y nicher.

XI. Écologisme et liberté ?

La lutte pour le climat est contraire
aux libertés individuelles.

François-Marie Bréon, climatologue[57]

Est-ce de la contrainte ? Peut-être,
mais pour la bonne cause.

Paul Ehrlich, *La Bombe P*[58]

Des penseurs tels Hans Jonas se sont risqués à plaider une autocratie écologiste bienveillante[59], dans l'intérêt de la planète. Des écologistes s'aventurent à plaider l'abolition de la liberté politique, c'est-à-dire la démocratie. On ne sache pas qu'aucun parti écologiste plaide, à ce stade, l'abolition de la liberté en tant que telle.

[57] https ://www.liberation.fr/planete/2018/07/29/francois-marie-breon-la-lutte-pour-le-climat-est-contraire-aux-libertes-individuelles_1669641

[58] *op. cit.,* 225.

[59] Jean-Marc Gancille, *Ne plus se mentir – Petit exercice de lucidité par temps d'effondrement écologique*, RUE ECHIQUIER, 2019.

C'est que la liberté fut à la fois inventée par l'Occident et qu'elle constitue le ferment de son développement. Inventée par les Grecs, avec le concept d'isonomie (Solon), ou égalité devant la loi, repris et façonné par des générations de juristes et de publicistes romains, en Common Law, puis par la tradition du *Rechtsstaat* allemand, de la *Rule of law* anglo-saxonne, notre état de droit, il n'y a de liberté qu'à l'ombre d'une loi certaine, qui rend la contrainte prévisible, donc évitable. La liberté s'oppose à l'arbitraire. Ferment : la liberté économique est consubstantielle à l'économie de marché et conditionne sa perpétuation dans ses différentes manifestations, dont le progrès technologique.

En dépit d'un siècle de socialisme, notre culture reste imprégnée de l'exigence de liberté, cette valeur qui conditionne la morale (Kant).

Revendiquer l'abolition de la liberté ne paraît guère « porteur » et la plupart des écologistes s'en gardent. Du reste, les écologistes savent que l'on peut atteindre le même objectif par des moyens apparemment moins radicaux. Mille liens n'empêchent-ils pas Gulliver de se mouvoir, aussi sûrement que si on lui avait ôté les jambes ?

Car comment échapper à la mécanique théorique écologiste ? Si le CO_2 humain est le problème, alors l'être humain dans chacune de ses activités est le problème. Laissera-t-on l'individu vaquer librement à ses occupations, dès lors que des émissions de CO_2 sont inhérentes à chacune d'entre elles ?

Liberté = CO_2

En ce sens, la liberté est toujours aussi liberté d'émettre du CO_2 ; ce qu'aucun écologiste cohérent ne saurait tolérer.

Le système théorique dans lequel les écologistes saisissent nos sociétés ne leur permet pas d'échapper à cette conclusion : dans son principe ou ses applications, la liberté individuelle doit être abolie.

Considérons deux populations identiques. Dans la première, les individus sont libres de se déplacer, fonder une famille, commercer, voyager, consommer de la viande, posséder des animaux domestiques. Dans la seconde, les individus ne sont pas libres et seulement admis aux activités limitativement énumérées par l'autorité centrale, par exemple via un système de permis d'émettre du CO_2.

Comment nier que le deuxième groupe émettra en effet nettement moins de CO_2 que le premier ? Comment ne pas voir que la théorie écologiste oblige à qualifier le second groupe de vertueux, quand le premier est nuisible, égoïste et qu'il « agresse la planète »[60] ?

Pour réduire à néant (« de 95 % ») les émissions humaines de CO_2, il faut par nécessité abolir la liberté individuelle.

Par cette voie, l'analytique totalisante de l'écologisme induit un algorithme totalitaire :

Si le CO_2 humain est le problème, alors l'humain doit être bridé, contrôlé, domestiqué dans chacune de ses activités.

Dans une interview à *Der Spiegel* en 1992, Hans Jonas atteignait la même conclusion : au vu de la « catastrophe écologique » et des « attaques technologiques contre la nature », « le renoncement à la liberté individuelle est *inéluctable* ».[61]

60 Aurélien Barrau : « Pourquoi a-t-on encore la liberté d'agresser la planète ? », https :// www.nouvelobs.com/planete/20180928.OBS3121/aurelien-barrau-pourquoi-a-t-on-encore-la-liberte-d-agresser-la-planete.html

61 « Dem bösen Ende näher », *Der Spiegel*, 11 mai 1992, italiques ajoutés.

XII. Un totalitarisme ambitieux

La civilisation tue la planète. Il faut réduire à néant la civilisation.

Derek Jensen, *Endgame*, Vol. 2, *Resistance*, 2006[62]

De prime abord, l'écologisme est une théorie cohérente : par son productivisme, l'homme émet toujours plus de CO_2. Ce CO_2 cause un réchauffement planétaire qui, à terme, rendra la planète inhabitable. Il faut donc agir avant que la nature ne s'embrase, car alors nous ne pourrons plus rien y faire.

Où l'on retrouve la thématique du basculement, constante depuis Malthus. Soit l'idée d'un phénomène qui s'emballe en manière telle que nous ne pouvons intervenir qu'en amont car, en aval, il est trop tard.

Son ressort totalitaire, soulignons-le, l'écologisme contemporain ne le tient pas de la morale, mais de la science. Dès lors que la science – en réalité, les rapports du GIEC – met en lumière le rôle littéralement destructeur et comme maléfique du CO_2 humain, il revient tout naturellement à ceux qui se préoccupent du devenir collectif de se pencher sur chaque activité humaine émettrice de CO_2 – c'est-à-dire l'intégralité des actions de l'homme, de son berceau à sa dernière exhalaison de CO_2.

62 Seven Stories Press.

En somme, l'écologisme est un Frankenstein totalitaire qui échappe à ses concepteurs : si le CO_2 humain est le problème, alors l'Homme est le problème. Relativiser cette proposition oblige à renoncer à la théorie du réchauffement climatique anthropique, donc revenir à l'écologisme moral si faiblement charpenté de prétextes scientisants.

Par les motifs indiqués, l'écologisme se montre plus exigeant, plus radical et ambitieux dans sa volonté de soumettre l'homme qu'aucune doctrine du passé.

Peut-être la figure qui s'en approche le mieux réside-t-elle dans le *panoptisme* de Michel Foucault, sur le modèle du *panoptikon* carcéral de Jeremy Betham. Le panoptique de Bentham est une structure carcérale qui loge le gardien dans une tour centrale autour de laquelle s'étoilent les « quartiers » des prisonniers, de sorte que ceux-ci soient constamment observables sans qu'ils sachent à quel moment ils sont effectivement observés. Alors le contrôle, en acte et puissance, est *total* (permanent). Dans *Surveiller et punir* (1975), Foucault généralise le panoptisme, défini comme velléité d'imposer, par le contrôle social, une conduite quelconque à une multiplicité humaine quelconque.

Il faut se tourner vers les dystopies de la science-fiction pour trouver des figures comparables de contrôle total. La prétention de l'écologisme n'est pas fictive.

La radicalité totalitaire de l'écologisme se laisse voir dans l'identification de l'ennemi. Il n'existe aucun totalitarisme qui fasse l'économie d'un ennemi. Souvenons-nous des koulaks et autres « révisionnistes » chez les Staliniens ; des Juifs dans le régime national-socialiste.

Les écologistes ne singularisent aucune population. Bien sûr, ils ne portent pas les bourgeois, les « riches », les possédants dans leur cœur.[63] Mais il n'y a pas de « Juifs » dans la théorie écologiste, pas plus qu'on n'y trouve de « bourgeois » au sens de Karl Marx. Il n'y a que des gaz à effet de serre.[64]

Ni Juifs, ni bourgeois : c'est que l'ennemi des écologistes est ailleurs. Il est en chacun d'entre nous. L'ennemi, c'est nous, notre part d'humanité productrice de CO_2, c'est-à-dire l'intégralité de ce que nous sommes.

De là, une gradation dans les responsabilités (et le degré d'hostilité) : l'Occidental produit davantage de CO_2 que l'Africain sub-saharien, le Blanc davantage que le Noir, le « riche » que le miséreux, celui qui vit dans une villa en émettra davantage que celui qui se contente d'un logement plus modeste.

L'ennemi est en chacun d'entre nous et nul n'échappe à cette inimitié ; l'ennemi est en l'homme, dans notre espèce, dans la trame même de notre rapport au monde.

L'ennemi, c'est l'Homme.

[63] Des sociologues tels que Bertrand Hervieu (« Recours à la ruralité et crise », *Économie rurale*, n°140, 1980, pp. 16-20, avec Danièle Léger) et Hubert Billemont (*L'écologie politique : une idéologie de classes moyennes*, Université d'Evry-Val d'Essonne, 2006) soutiennent que l'écologisme est d'abord le fait de « déclassés » de la classe moyenne, titulaires de titres scolaires de peu de valeur. Billemont les désigne sous le vocable de « fractions semi-intellectuelles de la classe moyenne salariée ».

[64] L'expression « gaz à effet de serre » sera utilisée dans la suite de ce travail, sans qu'il faille y voir une concession à telle ou telle théorie, ni sa contestation. Relevons, pour attester du débat, que le Pr. Georges Geuskens, PhD, DSc, de l'Université de Bruxelles (ULB) soutenait dans un article publié le 14 février 2019 : « La théorie du réchauffement climatique d'origine anthropique basée sur l'existence d'un effet de serre n'a aucune justification ni théorique ni expérimentale. » http ://www.science-climat-energie.be/2019/02/14/le-rechauffement-climatique-dorigine-anthropique/

XIII. Les « écarts de langage » du marxisme et du national-socialisme

La vengeance populaire sur des individus détestés doit être encouragée et dirigée.

Karl Marx[65]

Toute théorie, doctrine ou religion possède des adeptes extrêmes, et c'est une malfaçon d'imputer à la doctrine les errements de quelques-uns – quand ils sont étrangers à l'essence de la doctrine considérée.

Une étude attentive de la littérature national-socialiste montre que les abominations finalement perpétrées étaient prévisibles et même annoncées dès les années 1920. Dans un discours *Warum sind wir Antisemiten* (*Pourquoi nous sommes antisémites*) prononcé en 1920, cinq ans avant *Mein Kampf*, Hitler théorisait les fondements de sa vision du monde, et son exécration des Juifs, inconciliables avec la société nationale-socialiste.

Dans ce discours largement diffusé, Hitler explique qu'il est d'abord socialiste, et définit le socialisme comme éthique égalitariste. Il poursuit en expliquant que le socialisme bien compris ne peut être instauré que dans le cadre restreint d'une nation, la nation allemande, et d'une race, la race aryenne. Enfin, Hitler conclut en

65 « Anspräche der Zentralbehörde an den Bund vom März 1850 », *Anhang IX der Enthüllungen über den Kommunistenprozess zu Köln*, Zurich, Hottingen, 1885, 79.

expliquant qu'en tant que socialiste il doit rejeter la conception du monde qui s'y oppose, c'est-à-dire le matérialisme et le culte du profit du Juif.

Toutes considérations omniprésentes dans la littérature nationale-socialiste, fortement charpentée de marxisme, et dont la plupart des auteurs étaient issus du socialisme théorique. Ces rationalisations de l'antisémitisme passaient volontiers, dans les années 20 et 30, pour de malheureux excès de langage, qu'on imputait à la ferveur nationaliste, à de vieilles rancœurs, aux emportements d'A. Hitler et autres facteurs exogènes.

Pourtant, ces « excès » n'avaient rien de périphériques ni d'outranciers par rapport à l'essence du national-socialisme ; ils en indiquaient tout au contraire la vérité. Le national-socialisme recycle certes de vieilles haines antisémites très présentes à l'époque dans la culture allemande. Mais il leur infuse une vigueur nouvelle en leur offrant une justification théorique. En tant qu'il théorise la légitimité de l'expulsion des Juifs par la société socialiste allemande, le socialisme hitlérien offre un alibi théorique aux pulsions meurtrières de l'antisémitisme.

Il en va de même de la littérature marxiste. Des générations d'universitaires se sont employés à soutenir que le marxisme fut certes en pratique aussi meurtrier que le national-socialisme, mais qu'il est en quelque façon moralement supérieur, car la haine meurtrière du nazisme est absente chez Marx.

Une étude attentive des écrits de Marx suggère qu'il n'en est rien. Le concept marxien de *Volksrache*[66] traduit l'idée qu'après la révolution – quand les révolutionnaires l'auront emporté – le Parti ne doit pas s'opposer au lynchage des symboles du régime vaincu,

[66] *La passion de l'égalité*, 91.

c'est-à-dire les personnes, biens et monuments de la bourgeoise honnie. Marx explique que cette rage populaire (*Volksrache*) ne doit pas être combattue, mais canalisée et même *encouragée.*

Ce qui est un éloge du lynchage et du massacre légal. Qui fut le lot de nombreux membres de la « bourgeoisie » – ceux que l'on fit passer pour tels – massacrés lors de et après la prise de pouvoir par les bolchéviques en Russie, comme ils le furent dans nombre de pays communistes.

La célébration du lynchage légal par Marx pouvait être disqualifiée comme excès de langage, à l'instar d'autres éléments du corpus théorique marxien, aussi longtemps que le marxisme ne sortit pas des livres. Car aussitôt qu'il en fut sorti, on s'avisa que ces éloges de la violence, jamais démentis par Marx, participaient de la substance du marxisme.

XIV. Les « écarts de langage » de l'écologisme

Eteindre progressivement l'espèce humaine en cessant volontairement de se reproduire permettra à la biosphère de recouvrer sa santé.

Mouvement pour l'extinction volontaire de l'humanité[67]

Lors d'une conférence donnée en septembre 2018[68], l'astrophysicien Aurélien Barrau, membre du comité de direction du Centre de physique théorique de Grenoble-Alpes et du laboratoire d'excellence ENIGMASS, responsable du master de physique subatomique et de cosmologie de Grenoble, membre du Comité national de la recherche scientifique (CNRS), expliquait que l'homme est une nuisance pour la nature et que nos comportements destructeurs (pour la « macrofaune ») sont malheureusement inhérents, non seulement à ce que nous faisons, mais à ce que nous *sommes* – nous retrouvons l'analytique totalisante et l'éthique physisiste précédemment identifiées.

Le problème est ontologique, selon M. Barrau. L'homme, explique notre physicien, est une créature faible, incapable de raisonner à « l'échelle collective », en somme un être maladif. Il faut, par conséquent, des mesures politiques concrètes, coercitives,

[67] http://vhemt.org/index.htm

[68] https://www.youtube.com/watch?v=R7sMZiSKmqg

impopulaires, s'opposant à nos libertés individuelles. On ne peut plus faire autrement. Terrible sentence ! Mais cohérente avec l'essence du nouvel écologisme.

Dans une interview à « Libération » datée du 29 juillet 2018, le climatologue François-Marie Bréon du Laboratoire des Sciences du Climat et de l'Environnement (IPSL), auteur au GIEC, explique que nous devons impérativement renoncer au chauffage, au tourisme, fermer des pans entiers de nos économies et finalement renoncer aux libertés individuelles et à la démocratie, toutes réalités incompatibles avec la lutte contre les émissions de CO_2.

Encore ces mesures seront-elles insuffisantes, précise ce distingué climatologue. Car la seule mesure apte à préserver l'environnement serait de *diviser l'humanité par dix*. Contrairement à Monsieur Ehrlich – cfr. *supra* –, Monsieur Bréon reste en défaut de préciser comment nous débarrasser des neuf dixièmes de l'humanité.[69]

C'est ce nous avons nommé par ailleurs la tentation humanicide de l'écologisme[70], rigoureusement cohérente avec ses fondations théoriques.[71]

[69] La volonté de réduire l'humanité à une fraction infime de ce qu'elle est a pris un tour obsessionnel dans la littérature écologiste, qui produit des chiffres « idéaux » d'autant plus fantaisistes qu'ils ne reposent *ni ne peuvent reposer, même en théorie* sur aucune base rationnelle. Quand l'écoféministe américaine Lierre Keith avance que l'humanité idéale ne comportera pas plus de 8 millions d'individus, il se trouve un auteur, celui du blog *Biosphère* du « Monde », pour estimer que c'est encore trop et qu'il faut descendre à « un à deux millions »… http://biosphere.blog.lemonde.fr/2017/11/16/la-terre-ne-peut-porter-que-1-a-2-millions-dhumains/

[70] *Contrepoints*, 11 décembre 2018.

[71] En rang anecdotique, quand le journaliste de « Libération » Sylvestre Huet en appelle à « supprimer les riches » au nom du climat, il montre à la fois la veine puissamment égalitariste de l'écologisme et son penchant grossièrement meurtrier. Car, bien sûr, il ne faut pas jouer sur les termes : Monsieur Huet n'est pas un illettré. Il est conscient que le mot « supprimer » signifie « faire disparaître » – comment ? – mais également exterminer. https://twitter.com/HuetSylvestre/status/1107923954969133057

La Terre idéale des écologistes, c'est la Lune.

XV. Le noble mensonge écologiste (Hans Jonas)

Nous devons dépasser « les naïvetés libérales en matière de véracité publique. »

Hans Jonas, *Le Principe de responsabilité*[72]

Comment faire accepter à l'humanité son éradication ?

Dans la *République*, Platon développe la théorie du « mensonge en paroles », qui se distingue du « vrai » mensonge en cela qu'il est proféré dans l'intérêt de son destinataire.

Pour être légitime, ce mensonge ne peut émaner que de celui qui gouverne et dans l'intérêt de la cité :

« C'est donc à ceux qui gouvernent la cité, si vraiment on doit l'accorder à certains, que revient la possibilité de mentir, que ce soit à l'égard des ennemis, ou à l'égard des citoyens, quand il s'agit de l'intérêt de la cité. Pour tous les autres, il est hors de question qu'ils y recourent. »[73]

Platon donne des exemples de nobles mensonges. Ainsi du mythe de l'autochtonie : il s'agit de convaincre les citoyens qu'il sont tous nés de la Terre-mère (*sic*) et qu'ils sont, par conséquent, frères (et

[72] *op. cit.*, 203.

[73] II, 389b, Paris, Flammarion, traduction Georges Leroux.

sœurs). Toutefois, de façon à ce que chaque citoyen reste à la place qui est la sienne, le « noble mensonge » se poursuivra en alléguant que divers métaux interviennent dans la composition des êtres – or, argent, bronze –, que ceux qui sont faits d'or sont destinés à gouverner, l'argent pour les gardiens et le bronze pour les marchands.

En somme, tout est bon du moment que le gouvernant estime que le mensonge est dans l'intérêt de la cité.

Cette intéressante théorie est reprise par l'un des penseurs de l'écologisme au XXe siècle, Hans Jonas.

« Peut-être <le> jeu dangereux de la mystification des masses (le « noble mensonge » de Platon), écrit Jonas, est-il l'unique voie que la politique aura en fin de compte à offrir[74] : donner de l'influence au 'principe Crainte'[75] sous couvert du 'principe Espérance'. Mais elle présuppose l'existence d'une élite et des finalités secrètes, et sa naissance dans une société totalitaire doctrinaire est plus invraisemblable que sous les conditions d'une formation indépendante de l'opinion dans les sociétés libres (ou individualistes).[76] »

Passage formidablement précurseur, qui considère que la désinformation s'épanouira mieux et plus en profondeur dans le contexte de l'information « libre » que dans le modèle de l'information centralisée – donc suspecte – cher aux régimes autoritaires.[77]

[74] Jonas est conscient de la difficulté d'imposer la précarité par la voie démocratique.

[75] Préfiguration du principe de précaution.

[76] *Le principe de responsabilité*, Paris, Flammarion, 2013, 284.

[77] Voy. notre *Réalité augmentée*, 2011.

Jonas de poursuivre : « Sans doute dans le cas de l'utopie disons-nous également que dans des conditions particulières l'opinion utile est de préférence une opinion fausse, ce qui veut dire : si la vérité est difficile à supporter, le pieux mensonge doit intervenir ».[78]

La thèse de ce père spirituel de l'écologisme contemporain est aussi « platonicienne » que limpide : s'il convient de mentir aux citoyens pour leur faire accepter les renoncements, la dégradation ontologique, le contrôle « panoptique » et la précarité inhérents au projet écologiste, non seulement ce mensonge est possible : il est noble.

78 Jonas, 288.

Fumée

«Pourquoi persister?»

Thanatos amoureux, 2032

Mathieu s'est lové entre la paroi extérieure d'une vaste construction octogonale et des sacs de déchets organiques empilés dans son voisinage immédiat. Depuis ce résidu de fortune, il aperçoit, émergeant de l'autre extrémité du complexe, de hautes cheminées, dont s'échappent des fumées grasses.

La formation scientifique de Mathieu est à peu de choses près nulle. L'enseignement de la science était fortement découragé depuis des années, car ce sont les innovations technologiques qui avaient mené l'humanité dans l'impasse de l'Hypercarbonisation (l'ère fossile).

Toutefois, Mathieu est capable de faire le lien entre des cheminées et une forme de combustion, comme celle qui permet à son père de les chauffer lors des nombreux «black-out». (En 2049, on ne se chauffe plus qu'à l'électricité renouvelable, dont l'intermittence contraint les habitants à relancer régulièrement les méthodes antiques du chauffage à bois.)

Entre sa position et ces cheminées, Mathieu distingue une longue théorie de baraquements parallèles, qui semblent faits de bois.

Le jeune garçon s'avise bientôt que le camion dans lequel il s'est hissé n'a rien d'exceptionnel dans la Nomenklature et que divers véhiculent y circulent, en lien avec l'extérieur. Les femmes qui l'ont d'une certaine façon « accompagné » ont poursuivi leur chemin, le regardant avec passivité sauter du camion.

Mathieu a faim, il a peur et se demande ce qu'il fait là. Comment imaginer retrouver la trace d'Isabelle et sa famille ? Que peut un enfant de 12 ans dans cet immense complexe dont il ne comprend rien, ni le fonctionnement, ni même la raison d'être ? Pourquoi ce complexe ressemble-t-il aux villes du passé ? Quelles sont ces cheminées, dont le modèle est aboli depuis des années ?

Que faire ?

XVI. Tentative de compréhension du Tout-vivant

Gaïa est vivante.

Clive Hamilton, 2013.[79]

Il faut concéder une certaine transcendance à la nature.

Hans Jonas, 1991[80]

Acceptons le postulat écologiste de l'environnement comme Tout-vivant.[81]

Ce Tout-vivant est-il doué de raison, exprime-t-il des passions ?

Non, bien sûr, et la question même passera pour « anthropomorphique », consistant à n'envisager la vie que sous l'angle de l'Homme.

[79] *Requiem pour l'espèce humaine : Faire face à la réalité du changement climatique*, Presses de Science-Po.

[80] Interview à *Esprit*, 1991, 15.

[81] C'est l'hypothèse Gaïa formulée en 1970 par James Lovelock dans *Gaia : A New Look at Life on Earth*.

Concédons, par conséquent, que ce Tout-vivant est dénué de raison et de passions.

Le Tout-vivant possède-t-il un organisme, formant un ensemble identifiable et distinct ?

Non. Car le Tout-vivant n'est pas non plus un mammifère.

Peut-être le Tout-vivant est-il caractérisé par des mouvements et une sensibilité plus faibles, une composition chimique particulière, une nutrition à partir d'éléments simples (définition du végétal) ?

Non plus.

Une amibe ?

L'amibe est un organisme.

Le Tout-vivant n'est vivant que dans un sens qui lui est propre et sans aucun référent scientifique. Si le Tout-vivant est vivant, il l'est par définition et nécessité dans un sens qui ne relève d'aucun des compartiments de la science.[82]

Si le Tout-vivant est vivant, il ne peut l'être que par une modalité unique qui transcende la science et le monde vivant.

Si le Tout-vivant est vivant, il est Dieu.

[82] Voy. Richard Dawkins, *The Extended Phenotype : The Long Reach of the Gene*, Oxford, Oxford University Press, 2016 : Gaïa ne se « réplique » pas, donc comme « entité vivante » elle n'existe pas.

DEUXIÈME PARTIE – ÉCOLOGISME APPLIQUÉ

Dans cette deuxième partie, nous allons voir comment l'écologisme « déroule » le totalitarisme de son algorithme dans chacun des compartiments de la vie concrète.

XVII. Écologisme et démocratie : un mariage contrarié

La démocratie (...) n'est pas la forme de gouvernement appropriée à long terme.

Hans Jonas, 1992[83]

S'il n'est pas facile d'accéder au pouvoir par des promesses – la concurrence est rude –, il est virtuellement impossible de glaner le suffrage d'une majorité à laquelle on ne promet que contraintes, brimades et privations.

Nous avons noté cette différence entre socialisme et écologisme que si le premier promet l'abondance, le second garantit la précarité. Choisie, noble, morale et même scientifique : mais la précarité.

Il n'est donc guère surprenant que les partis écologistes restent minoritaires voire groupusculaires et qu'ils n'ont, à notre connaissance, jamais recueilli une majorité absolue de suffrages lors d'aucune élection dans aucun pays d'Occident. Les écologistes occupent 7 % des sièges du Parlement européen, un pourcentage modeste et relativement constant dont rien ne permet de prédire la prochaine inflation.

[83] « Den Verdacht habe ich, daß die Demokratie, wie sie jetzt funktioniert – mit ihrer kurzfristigen Orientierung –, auf die Dauer nicht die geeignete Regierungsform ist. », interview à *Der Spiegel*, 1992, https://www.spiegel.de/spiegel/print/d-13680535.html

Pourtant, l'influence des écologistes, en droit et en fait, excède largement leur représentation parlementaire. Comment un tel phénomène est-il possible ?

C'est qu'à défaut de remporter aucune élection nationale, les écologistes sont passés maîtres dans le « lobbying » idéologique – c'est-à-dire la colonisation des lieux de pouvoir à l'échelon international.

Nations-Unies, GIEC, Conseil de l'Europe, Cour européenne des droits de l'homme (CEDH), Cour de Justice de l'Union européenne (CJUE) : autant de cénacles peu ou pas démocratiques, dont les pouvoirs sont pourtant bien réels. Le droit international n'est pas blanc ou noir ; il est tout en nuance. Rares sont les normes de droit international qui sont obligatoires au sens strict. Leur influence s'exerce comme à la marge – par exemple, en étant invoquées par des juges dans la justification d'une décision. Par effet cumulé et par auto-référence, ce quasi-droit, ce proto-droit finit par accéder à l'obligation de droit strict.

Quand une norme est issue de l'un de ces cénacles, deux cas de figure se présentent. Soit la norme est obligatoire et s'applique dans chacun des ordres constitutionnels nationaux, primant le droit national. Il est très généralement reconnu que la norme internationale l'emporte sur la norme nationale. Dit autrement : quand la norme internationale est adoptée, elle se perche du fait même hors de portée des parlements nationaux.

Dans l'autre cas de figure, la norme n'est pas obligatoire en tant que telle. On a noté qu'elle pourra le devenir, par exemple en étant mobilisée par des avocats, des juges – ne serait-ce que pour interpréter le droit strict. Mentionnons l'exemple de l'infini foisonnement de résolutions et autres recommandations des Nations Unies. Nous sommes ici dans un cas voisin du précédent, car c'est le droit international dans son intégralité qui l'emporte sur le droit national. Pour peu qu'un modeste effet de droit soit reconnu à une quasi-norme de droit international, celle-ci l'emporte sur l'intégralité du droit démocratique national, et les juges y veilleront.

Ce sont des pans entiers du droit qui sont progressivement mis hors d'atteinte des démocraties nationales et de leurs parlements.

Le cas du GIEC est hybride et intéressant. La troisième partie des rapports du GIEC n'est certes pas obligatoire en droit strict ; elle ne s'applique pas avec la force de la loi dans nos ordres juridiques nationaux, ni ne « prime » en tant que telle aucune norme de droit national. Toutefois, ce catalogue de normes « proposées » est si détaillé et s'étend si bien à l'ensemble des sphères de l'activité humaine – transports, urbanisme, bâtiments, économie, tourisme, redistribution nationale et internationale des richesses (*sic*) – qu'il constitue un prêt-à-l'emploi. Pour s'en convaincre, il suffit de lire la troisième partie des troisième et quatrième rapports du GIEC : constatons qu'un grand nombre de ces « normes recommandées » sont entrées dans nos droits.[84]

Le cas de l'Union européenne est également singulier : voici une organisation internationale nimbée de la caution démocratique d'un Parlement incomplet qui adopte des directives et des règlements, normes de droit strict qui l'emportent sur les parlements nationaux. Par son intense activisme normatif – le droit européen comporte 160.000 pages ! –, l'UE ôte aux parlements nationaux des fractions significatives de leurs compétences. On prive les démocraties nationales de leurs compétences pour les porter vers un niveau de pouvoir qui reste foncièrement intergouvernemental, non démocratique. Cette aliénation normative est l'une des causes avérées du vote britannique en faveur du Brexit.

[84] Voy. notre *GIEC est mort, vive la science*, 2010.

Or, c'est probablement au niveau de l'UE que le lobby vert s'est le plus parfaitement institutionnalisé :

> « Les institutions européennes travaillent avec de nombreux partenaires et groupes d'intérêt qui les aident dans l'élaboration des politiques publiques, instaurant ainsi un nouveau modèle de gouvernance. Parmi ces partenaires existent les « Green 10 », qui travaillent en étroite collaboration avec la Commission européenne à des fins de conseil, d'expertise et d'aide à l'élaboration des politiques environnementales européennes. (…) Les « Green 10 » sont le rassemblement des 10 des plus grandes ONG à vocation environnementale actives à l'échelle européenne et internationale.[85] Elles aident les décideurs européens dans l'élaboration de leurs politiques, et constituent des partenaires de choix en termes d'expertise environnementale. Ces organisations bénéficient d'un soutien direct de la DG Environnement de la Commission européenne, qui finance[86] une partie de leurs actions et soutient leurs projets. »[87]

L'écologisme ne peut pas davantage triompher par la voie démocratique qu'il ne peut se maintenir de la sorte ; il privilégie actuellement la voie intergouvernementale de la norme internationale.

[85] Parmi lesquelles *Greenpeace*, *Les amis de la Terre*, organisations écologistes radicales adeptes de l'écologie « profonde ».

[86] Autant pour le caractère « non gouvernemental » d'ONG financées par les gouvernements.

[87] Sciences-Po Strasbourg, https://mastereurope.eu/contentgreen-10-les-ong-vertes-a-bruxelles/

À terme, son algorithme totalitaire le condamne à envisager une forme de dictature et de tyrannie, projet auquel participent déjà activement un nombre significatif d'intellectuels écologistes, notamment dans le monde francophone.[88]

[88] Charlotte Belaich, « Accepter que la liberté s'arrête là où commence la planète, » *Libération*, 2 avril 2019 et les nombreuses références citées dans la discussion, parmi lesquelles Gilles Boyer, Michel Terestchenko, Dominique Bourg et Kerry Whiteside, Thomas Schauder, Michel Tarrier, Luc Semal.

XVIII. Indécent pluralisme

Climat : « Assez de discours, des actes »

Lettre ouverte d'associations écologistes au gouvernement français[89]

Aussi longtemps qu'on débat entre socialistes et libéraux, souverainistes et partisans de l'Union européenne, athées et tenants de l'humanisme chrétien, le pluralisme ne pose aucune difficulté. C'est même une sorte de stimulant, en cela que le pluralisme oblige à affûter ses arguments, en restant vigilant face à la contradiction de l'adversaire. Ces idéologies ont intégré l'impératif moral, philosophique et constitutionnel du pluralisme, et le pratiquent depuis de longues décennies, en Europe occidentale comme aux États-Unis.

Le débat se fige dès lors qu'un adversaire pénètre l'arène médiatique et politique sanglé dans l'étincelante armure de la science. Pas les « sciences humaines », mais la science dans ce qu'elle a de plus « dur », d'exact et d'objectif, de pur : la physique !

Alors, le débat ne se noue plus entre différentes considérations morales, dont tout le monde sait aujourd'hui – merci Max Weber – qu'elles sont et resteront foncièrement relatives et subjectives. Non, le débat se tient désormais entre la morale et la Science !

89 https://www.ritimo.org/Climat-Assez-de-discours-des-actes

Se tient, ou plus exactement ne se tient pas. Car que peut la relativité de la morale face à l'objectivité de la science ? Comment contredire, discuter, débattre, prétendre réfuter en quelque façon la physique par la morale ?

C'est ce qu'ont compris les partis écologistes qui se comportent comme autant de rapports du GIEC ambulants. Voici la science ! De cette science découlent les impératifs suivants : (suit le programme du parti écologiste considéré). La science exige l'écologisme. Nous, c'est la science ; et vous ?

Formidable combinaison ! Formidable transcendance de l'argument « scientifique » dans le débat politique ! On renoue avec le rêve des scientistes à la Renan, au dix-neuvième siècle[90] : un gouvernement de et par la science !

Dès qu'on accepte la prétention scientifique de l'écologisme, le pluralisme devient impensable et même odieux. Comment tolérer qu'un moraliste « débatte » avec la physique du climat ?! Discutera-t-on de la survie de l'humanité ?

Pourtant, tout ceci repose sur un malentendu.

Le scientisme renanien – le gouvernement par la science – n'a jamais été mis en pratique. Non en raison de la méchanceté de l'homme, de son appétit pour les superstitions. Mais parce qu'il est une impossibilité logique. Une simple erreur de raisonnement.

On a déjà effleuré le sujet : la science est le royaume du fait, sa mission est la mise en lumière des lois qui régissent le monde physique, la nature – fût-ce sur le mode étrange des lois de la physique

90 Ernest Renan, *L'avenir de la science*, 1890 (rédigé en 1848) : « Organiser scientifiquement l'humanité, tel est donc le dernier mot de la science moderne, telle est son audacieuse mais légitime prétention. »

quantique ! La science, fruit merveilleux de la civilisation de l'Ouest et son principal ferment – via le progrès technologique –, est souveraine dans son royaume.

Dès lors qu'elle en sort, dès qu'elle franchit les portes du fait, la Science n'est plus rien, elle n'a plus rien à dire. Un Physicien-Roi qui résoudrait de gouverner par la science hors de toute considération subjective ne prendrait tout simplement aucune décision. Il ne piperait mot et serait comme paralysé !

C'est que le droit, la politique et la morale sont le royaume de la norme. La science considère l'être. La morale est un devoir-être. D'un être – d'une proposition de fait –, on ne peut jamais conclure à (dériver) un devoir-être. De ce qui est, il est impossible d'inférer ce qui doit être. David Hume montrait tout cela dès le dix-huitième siècle, dans des travaux repris et largement approfondis par Hans Kelsen.[91]

Prenons un exemple. Fumer nuit à la santé. C'est un fait, la science ne laisse aucun doute à ce sujet. De là, que suit-il ? Rien. Tel décidera de fumer, parce que la vie intense et pleine de jouissances diverses revêt à ses yeux davantage de valeur qu'une vie longue et plus hygiénique. Tel autre s'abstiendra de fumer et se lancera dans la pratique intensive du sport, qui lui apportera d'autres plaisirs et une vie probablement plus longue. Du fait à la norme existe un saut qualitatif, qui réside dans les valeurs que l'on décide de mettre en œuvre.

Norme = Valeur + Fait

[91] Voy. Hans Kelsen, *Théorie générale des normes* et notre « Clôture ou pique à bestiaux ? – À propos du concept de norme générale chez Hans Kelsen », *Arguments – Revue européenne de science*, vol. 1, n°1, automne 2016, http ://revue-arguments.com/articles/index.php ?id=2

La science éclaire la norme, elle informe le processus décisionnel. Elle est impuissante à s'y substituer.

Cette erreur intellectuelle étant en quelque façon enchâssée dans la structure même du GIEC et de ses rapports, elle définit le rapport au monde de l'écologisme scientifique. Le GIEC prétend dériver les normes recommandées (partie 3) du résumé de la science du climat (partie 1). En stricte rigueur intellectuelle, pas une seule proposition normative, fût-elle formulée sur le mode de la suggestion, ne peut être dérivée de la science : pas un mot, pas une virgule.

Si l'écologie est une science, elle n'a rien à dire dans le champ politique ; si elle s'y aventure, elle cesse d'être une science.

XIX. Le « noble mensonge » en journalisme

L'écologie est un débat qui dépasse toute considération politique.

Anne-Sophie Bruyndonckx, journaliste RTBF[92]

Dès lors que la survie de la Terre est en cause, de nombreux journalistes estiment légitime de quitter leur position d'observateur rendant compte des faits, pour gagner des rivages militants.

La peur et le catastrophisme sont devenus la norme du traitement du dossier « climat » par la plupart des organes de presse, avec deux facteurs accélérants. D'une part, le succès disproportionné de l'idéologie écologiste au sein de la profession des journalistes[93], sans commune mesure avec sa représentativité populaire[94]. D'autre part, le catastrophisme fait vendre et constitue une veine d'inspiration éditoriale inépuisable.

[92] https://www.rtbf.be/info/inside/detail_ce-dimanche-certains-journalistes-avaient-climat-eux-aussi-les-journalistes-des-manifestants-comme-les-autres?id=10087732

[93] En Belgique francophone, 46 % des journalistes professionnels votaient en 2013 pour le parti écologiste : https://www.levif.be/actualite/belgique/la-presse-francophone-est-elle-trop-a-gauche-place-a-plus-de-pluralisme/article-opinion-1054347.html

[94] Virtuellement nulle en France, modeste en Belgique.

L'utilisation de la peur dans le débat climatique est validée au sein du monde académique. Dans une contribution, « Fear Appeals in Climate Change Communication », publiée par *Oxford Research Encyclopedias*, « Climate Science » en septembre 2017, Joseph P. Reser et Graham L. Bradley constatent : « Extensive research literatures addressing preparedness, prevention, and behavior change in the areas of public health, marketing, and risk communication generally (…) provide consistent empirical support for the qualified effectiveness of fear appeals in persuasive social influence communications and campaigns »[95] ; en bref : la peur, ça marche.

Encore le catastrophisme n'est-il pas la seule veine exploitable sur le thème du climat.

Dans une intéressante contribution synthétique, « Post-normal Journalism : Climate Journalism and Its Changing Contribution to an Unsustainable Debate »[96] publiée en 2017, Michael Brüggemann explique par un exemple ce post-journalisme militant qui est devenu la norme de la profession dès qu'il s'agit du climat :

> « Un exemple d'une telle approche est la campagne 'Gardez-les dans le sol' du *Guardian*, appelant à détourner les investissements des combustibles fossiles. La campagne combine un plaidoyer transparent et une narration innovante. Elle a été lancée par un éditorial et complétée par des reportages traditionnels et un podcast (…).*The Guardian* a clairement reconnu son partenariat avec l'ONG 350.org. Bien que ce soit

[95] « Une vaste littérature de recherche sur la préparation, la prévention et le changement de comportement dans les domaines de la santé publique, du marketing et de la communication des risques en général (…) fournit un soutien empirique cohérent à l'efficacité qualifiée des appels à la peur dans les communications et campagnes d'influence sociale persuasive. »

[96] *In* Peter Berglez, Ulrika Olausson, Mart Ots (Eds.) : *What is Sustainable Journalism ? Integrating the Environmental, Social, and Economic Challenges of Journalism*, New York, Peter Lang, pp. 57–73, notre traduction.

> un autre exemple des frontières floues entre le journalisme et l'activisme, il s'agit également d'un acte de journalisme créatif qui se concentre délibérément sur de nouveaux angles permettant de couvrir le changement climatique. Avec son intérêt plus récent pour l'énergie solaire, le *Guardian* a également fourni un exemple de ce que l'on a appelé le journalisme constructif ou « journalisme de solutions » (...). Il semble qu'il s'agisse d'un changement de cap par rapport au journalisme « normal » (...). Bien qu'une telle mission soit contraire au modèle de l'observateur détaché, la gravité du problème climatique peut justifier l'exception, aux yeux d'au moins certains des plus grands journalistes climatologues du monde (...). »

Le climat est-il « universel » ? s'interroge la RTBF, service public belge :

« Pour la journaliste Anne-Sophie Bruyndonckx, entre autres, la réponse est oui. Elle qui se définit comme une citoyenne avant tout estime normal et sain qu'un journaliste s'engage dans la société. « Je trouve important de ne pas oublier qu'on fait partie de cette société dont on rend compte tous les jours, confie-t-elle. Il y a des sujets qui me semblent tellement universels : j'ai envie de dire que je suis contre la violence faite aux femmes, contre le racisme, il n'y a pas de débat à avoir là-dessus. » Pour elle, le climat fait désormais partie du même registre : « On est arrivés à une époque où la planète ne va pas bien, on doit tous y faire attention, et ça, c'est un fait dont on parle dans nos journaux, il n'y a pas matière à discuter. L'écologie, dans ce sens-là, c'est un débat qui dépasse toute considération politique, toute frontière, tout statut – patron, employé ou indépendant, qu'on soit blanc, noir ou jaune ».[97]

[97] « J'peux pas, j'ai climat » : les journalistes, des manifestants comme les autres ?, RTBF, https://www.rtbf.be/info/inside/detail_ce-dimanche-certains-journalistes-avaient-climat-eux-aussi-les-journalistes-des-manifestants-comme-les-autres?id=10087732

Post-journalisme, journalisme créatif, journalisme « de solutions », journalisme constructif ou citoyen : les expressions ne manquent pas pour décrire ce qui, en toute rigueur, ne relève plus du journalisme, mais du militantisme actif au service de l'idéologie écologiste.

Examinons le rapport écologiste à la théorie économique.

Une odeur intrigante

« Ssssshffffffrrrrkkkkhhhhhouuuu
(poème du Vent et des Arbres) »

Arne Trunbull, Souillure humaine, date inconnue

Mathieu s'avise que des enfants – des enfants ! – parcourent les allées de la Nomenklature et semblent jouir d'une relative liberté de mouvement. Il décide de se déplacer en pleine lumière, affectant un air calme et serein.

C'est vers les cheminées de la Nomenklature que Mathieu se met en marche ; de leur étonnante silhouette, elles dominent le complexe. Il croise bientôt deux jeunes filles qui doivent avoir deux ou trois ans de plus que lui. Elles lui sourient, il leur rend leur sourire et les dépasse. À mesure qu'il s'en approche, Mathieu perçoit le caractère odorant des fumées qui s'échappent des cheminées.

Pourquoi la Nomenklature – la Nomenklature ! – recourt-elle à un procédé aussi antique, dépassé et polluant ?

C'est alors que Mathieu est intercepté.

XX. L'économie inexistante

Je ne me suis jamais considéré comme un spécialiste de l'économie.

Hans Jonas (1992)[98]

De Karl Marx à Lord Keynes, le socialisme a enfanté de puissants systèmes théoriques, avec de vraies novations conceptuelles. Par exemple, la *General Theory of Employment, Interest and Money* que publiait Keynes en 1936[99] ramasse de façon magistrale l'ensemble du matériau économique dans un nouvel appareil conceptuel.

En dépit de recherches approfondies, il ne nous a pas été possible d'identifier un seul auteur écologiste qui propose un système économique spécifique, neuf ou novateur, quitte à reprendre des concepts et formats existants. Des philosophies écologistes, des morales écologistes, des programmes politiques, une « science de la globalité » écologiste[100], on en trouve tant et plus. Mais de système économique, aucun.

98 Interview à *Der Spiegel*, https ://www.spiegel.de/spiegel/print/d-13680535.html

99 Socialiste cohérent par le primat moral et pratique qu'il reconnaît à l'impératif égalitariste, Keynes est le père spirituel du socialisme démocratique d'après 1945.

100 Etopia, https ://etopia.be/introduction-a-la-philosophie-economique-et-politique-de-lecologie/ et notre *GIEC est mort, vive la science*, 51s.

Cette inexistence économique est cohérente avec les fondements théoriques de l'écologisme.

Le socialisme est un économisme, en cela que tout y est subordonné à l'impératif d'égalité matérielle, qui est foncièrement économique.

L'écologisme n'est pas un économisme, parce qu'il se définit par son rejet de l'économie. Du Rapport Meadows[101] (1972) à l'écologisme contemporain, en passant par ce qu'on appelait l'altermondialisme[102], tout se passe comme si, lassés d'échouer en théorie, les adversaires de l'économie de marché se cantonnent désormais à en exiger l'arrêt.

Le seul concept économique dont on peut raisonnablement soutenir la facture écologiste est la décroissance.[103]

La décroissance est l'idée que nous devons non pas augmenter notre production économique, mais la réduire ; non favoriser les échanges, mais les réduire ; non améliorer la productivité, mais en supprimer la considération.

Toutes idées qui ne font pas un système. Pour faire système – c'est-à-dire offrir une théorie, un projet rationnel – une *Théorie Générale de la Décroissance* devrait prendre en charge la question du comment. Décroître, certes, mais comment ? Comment réduire

101 « No one can predict what sort of institutions mankind might develop under these new conditions. » (p. 174)

102 I. Stengers et P. Pignarre, *Sorcellerie capitaliste* : « Nous pensons qu'il faut refuser de passer du cri « Un autre monde est possible ! » au programme décrivant « cet autre monde que nous voulons » » (Paris, La Découverte, 2005).

103 La « circularité », qui consiste à privilégier les circuits courts avec recyclage, ne ferait système que si on pouvait la généraliser à l'ensemble de l'activité économique, ce qu'aucun écologiste ne soutient. En l'état, la circularité consiste à rajouter des boucles sur un système dont on ne change pas la nature ni la teneur ; des boucles qui peuvent d'ailleurs se montrer vertueuses du strict point de vue de la rationalité économique.

la production économique? Quels sont les secteurs de l’économie qu’il faut éliminer? Faut-il interdire le progrès technologique en tant que tel, ou seulement ses applications économiques?

La croissance économique signifie la progression de la production économique nationale. En décroissant, une nation produit des fruits moins nombreux – phénomène observé lors des grandes crises économiques. Se pose la question du moins-disant: quels sont les citoyens, individus, familles qui verront se réduire leur niveau de vie? Sont-ce les personnes âgées, via les retraites? Sont-ce les «riches», la classe moyenne, tout le monde? Faut-il instaurer un «permis de procréer», de façon à réduire rapidement et drastiquement la population?

Il ne s’agit pas de soutenir que la décroissance n’est pas l’objectif des écologistes: elle l’est. Mais cela ne fait pas un système économique.

XXI. L'écologisation du droit

Toute décision gouvernementale susceptible d'avoir raisonnablement une incidence sur le climat ou sur la politique en matière de climat doit faire l'objet d'une évaluation préalable de cet impact.

Projet belge de « loi spéciale climat »[104]

Dès lors que le climat est une question de survie, les écologistes exigent que toute norme, valeur et entreprise lui soient subordonnées.

Cela les conduit à plaider l'adoption de lois et dispositifs constitutionnels visant expressément à situer le climat au cœur du processus décisionnel, de telle sorte qu'aucune décision législative, exécutive ni judiciaire ne soient prises qui n'aient été mesurées à l'aune de ses effets sur « le climat » (lire : les émissions de CO_2).[105]

En constitutionnalisant « le climat » – préambule ou article liminaire, constitution nationale ou instrument international –, les écologistes obligent les juges et juridictions constitutionnelles à

[104] http://www2.usaintlouis.be/public/comcom/presse/proposition_de_loi_speciale-fr.pdf

[105] En Belgique, l'article 3 § 2 de la proposition de « loi climat » – aujourd'hui abandonnée – prévoit que « Toute décision gouvernementale susceptible d'avoir raisonnablement une incidence sur le climat ou sur la politique en matière de climat doit faire l'objet d'une évaluation préalable de cet impact » : on ne saurait mieux dire que *toute décision sans exception* est concernée, aussi vrai qu'aucune décision ne se conçoit qui n'ait pas d'incidence en terme d'émissions de CO_2. Texte intégral : http://www2.usaintlouis.be/public/comcom/presse/proposition_de_loi_speciale-fr.pdf

mettre les libertés publiques en balance avec l'impératif climatique. Ce qui signifie, concrètement, que l'exercice d'une liberté n'est accordé, reconnu et protégé par le droit que si les émissions de CO_2 sont jugées « raisonnables », selon le critère familier aux juristes publicistes.

On mesure le changement paradigmatique que marque le surgissement du climat sur la scène constitutionnelle. Libertés et climat sont mis en tension, et comment des libertés individuelles pourraient-elles l'emporter sur le bien-être collectif ? Cette révolution copernicienne dans le droit est cohérente avec la démarche écologiste ; elle est la suite juridique logique et prévisible de ce que nous avons nommé l'algorithme totalitaire de l'écologisme.

En outre, les écologistes européens exigent que soient mis en place des « comités climat »[106] pour conseiller chacun des niveaux de pouvoir dans leur prise en compte du facteur climat, à la faveur de recommandations et rapports réguliers. Où l'on reconnaîtra sans peine le mécanisme quasi-normatif qui a si bien réussi au GIEC.

On perçoit intuitivement que cette « mise en balance » des libertés publiques et de l'exigence climatique n'est qu'une étape.

Sachant qu'il n'existe aucune activité ni geste de l'homme qui ne soient émetteurs de CO_2 – d'un simple déplacement au fait de se chauffer –, il devient notionnellement inepte de brandir des libertés individuelles face à la survie collective de l'humanité. Quel sens y a-t-il à brandir le « droit » de se déplacer, souvent sans motif particulier, quand l'avenir du genre humain est en péril ?

La mise en tension des libertés et du climat apparaît comme simple préalable à la finalité ultime de cette révolution écologiste dans et par le droit : la subordination des libertés à l'exigence climatique.

[106] Article 9 de la loi climat belge (non adoptée), *op. cit.*

De la philosophie morale à la technique juridique, nous retrouvons ce caractère inexorable de l'algorithme totalitaire de l'écologisme : si le CO_2 humain est le problème, alors l'homme dans l'infinie variation de son agir doit être contraint, borné et comme domestiqué.

XXII. La croisade des enfants « pour le climat »

« Climat : une grève mondiale orchestrée par des enfants »

Franceinfo, 14 mars 2019[107]

Bien que convaincus de la supériorité de leur cause, les écologistes pré-réchauffement climatique anthropique se tenaient généralement dans certaines limites ; on ne les vit jamais utiliser des enfants en bas âge dans aucune de leurs actions.

Les nouveaux écologistes ne reconnaissent pas la légitimité de ces limites.

Dès lors que la survie de l'humanité est en jeu, tous les moyens sont bons et même justes ; l'impératif est à la fois moral et scientifique.

[107] https://www.francetvinfo.fr/meteo/climat/climat-une-greve-mondiale-orchestree-par-des-enfants_3233081.html L'article ne « problématise » en rien le titre et valide ainsi l'idée que cette « grève mondiale » a en effet été organisée – autorisation de manifester, financement, déplacements, revendications – par des enfants.

Où l'on voit que les écologistes n'hésitent plus à faire descendre dans la rue « pour le climat » des adolescents et même des enfants. En Flandre, on vit en janvier 2019 manifester « pour le climat » des enfants de classes maternelles – de 3 à 5 ans – reprenant en chœur les slogans politiques de leurs aînés.[108]

Des comparaisons viennent naturellement à l'esprit. Par exemple, les *Komsomol*, ces organisations des jeunesses communistes soviétiques – même si les Soviétiques ne permettaient pas aux enfants de maternelle de s'y inscrire. Ou la croisade des enfants, cette folle équipée d'enfants fanatisés par des adultes qui finissaient massacrés par les forces adverses. Songeons à l'embrigadement de la jeunesse allemande par le régime national-socialiste. Dans ces trois cas de figure, nous trouvons le ressort identique de la vassalisation idéologique de l'enfance.

En Flandre, des enfants de maternelle et de primaire eurent l'obligation de participer à ces manifestations (au titre de l'obligation scolaire), fût-ce contre l'opinion de leurs propres parents. Cette politisation de l'enfance, au besoin contre le milieu familial, n'est pas courante dans nos démocraties.

Imagine-t-on des maîtres d'école obliger des écoliers de 4 ans à manifester pour le capitalisme, pour le socialisme, ou pour l'Église catholique ? Pourquoi ce qui est impensable dans l'absolu devient légitime dès lors qu'il s'agit de l'idéologie écologiste ? C'est que l'écologisme contemporain puise sa légitimité dans des considérations morales, comme toute idéologie et doctrine, mais que cette idéologie est nimbée de la caution de la science, ce qui la distingue, et radicalement, de ses rivales.

108 « La fanatisation de l'enfance, une modalité de l'abus ? », *Le Vif*, 31 janvier 2019, https://www.levif.be/actualite/international/la-fanatisation-de-l-enfance-une-modalite-de-l-abus/article-opinion-1086345.html?cookie_check=1555600652

Cet avantage comparatif lui permet de nourrir des ambitions mondiales et d'exiger que soient démantelés sans délai les obstacles – liberté, économie, pluralisme, enfance – qui se dressent sur son chemin.

La survie de l'humanité ne mérite-t-elle pas quelques sacrifices ?

Venons-en aux phobies de l'idéologie écologiste.

Face au co-président de la Nomenklature

1. L'ecocide (crime par l'umanité)

Nomenklature criminel, date inconnue

Ce sont ses souliers qui l'ont trahi : Mathieu, comme tous les gens de la vallée, porte des souliers maintes fois rapiécés, tandis que les gens de la Nomenklature en portent de peu usagés. Interpellé, sommé de décliner son Nomen – matricule selon la Nomenklature – Mathieu en est incapable. Il est aussitôt emmené dans un poste d'interrogation.

Questionné, Mathieu met son escapade sur le compte de la curiosité : après tout, personne n'est dans sa tête, il est impossible de connaître ses intentions réelles. Il omet donc de mentionner Isabelle et sa famille.

Bientôt, Mathieu est mis au secret, dans un espace confiné au cœur du grand bâtiment octogonal contre lequel il s'était abrité.

***

Deux jours plus tard, une personne non genrée se produit dans sa cellule, pour lui annoncer qu'il va être reçu par la co-présidente de la Nomenklature. Mathieu ignore ce titre et ce qu'il peut bien désigner comme réalité, mais il n'a d'autre choix que de suivre son interlocuteur.trice.

Après un cheminement dans le bâtiment qui lui paraît interminable, Mathieu est mis en présence de la co-présidente, et laissé seul avec elle.

La co-présidente de la Nomenklature est une femme d'apparence modeste, affable, vêtue de façon neutre, sans signe ostentatoire. C'est elle qui entame l'échange :

— *On me rapporte que votre curiosité vous a mené parmi nous ?*

— *Oui.*

— *C'est dangereux de procéder de la sorte. Vous auriez pu vous blesser. La prochaine fois, pourquoi ne pas vous présenter à l'une de nos portes d'entrée ?*

Mathieu reste comme interdit.

— *Je ne vous cache pas que je dois prendre une décision difficile : qu'allons-nous faire de vous ? Soit je vous laisse repartir auprès de votre père – votre mère s'est fait humuser, me dit-on ? –, soit je vous garde parmi nous.*

— *Je préfère partir.*

— *Ah mais, mon jeune ami, les choses ne sont pas aussi simples. On vous a trouvé dans le nord du périmètre, il me semble ?*

— *...*

— *Près des cheminées.*

— *Oui, près des cheminées.*

— *Quels sont les autres endroits que vous avez visités ?*

— *À peu près aucun. J'avais peur de me faire prendre. Pourquoi ne pas me laisser repartir librement ?*

La co-présidente de la Nomenklature marque une pause ; on la sent prête à déclamer des principes avant de répondre à la question.

— *Librement ? Librement ?! Mais, mon ami, dans quel monde vivez-vous ? Ignorez-vous que l'Humanité est entrée dans l'ère de la Grande Réparation qui, par la réduction drastique du CO_2 de la créature perverse et cruelle, doit permettre à la planète de se régénérer ? Ignorez-vous...*

— *Je sais tout cela.*

— *Alors vous savez que dans leur dernier rapport, les scientifiques du GIEC ont estimé qu'il faudrait plusieurs siècles pour retrouver des concentrations en CO_2 tenables et durables. Vous savez que nous sommes entrés de plain-pied dans l'ère de la Jachère réparatrice, qui offre de nombreuses opportunités, mais certes pas la liberté d'aller et venir à sa guise !*

Mathieu ne sait que répondre. Alors il se dévoile, en changeant de sujet :

— *Où sont les femmes entrées avec moi dans le camp ?*

— *Nous ne sommes pas un camp ! Nous sommes la Nomenklature, modestes gardiens des ressources pour la durée de la Grande Réparation.*

— *Où sont les femmes entrées avec moi dans la Nomenklature ?*

— Mon jeune ami, je doute que vous puissiez accéder à l'intelligence de ces questions. Qu'il vous suffise de comprendre que certaines personnes refusent de s'adapter aux impératifs de la Réparation et qu'elles persistent à adopter des comportements anti-Gaïens.

— Comme ?

— Faire des enfants, fonder une famille... Ce sont des exemples.

— J'en ai vu des enfants, ici !

— Nous devons assurer la perpétuation des Gardiens de la Jachère. Sans gardiens, pas de réparation. Nous sommes tenus à des règles qui nous sont propres.

Mathieu ne dit rien. Après quelques instants, la Nomenklaturiste reprend :

— Donnez-moi deux jours de réflexion, je statuerai sur votre sort.

XXIII. Les phobies de l'écologisme

Pour le climat, merci d'éviter la voiture, la viande et les enfants.

Lorrie Goldstein[109]

Idéalement, il faudrait abandonner l'avion. Renoncer à sa voiture personnelle, pour ne plus faire que marcher, rouler à vélo, prendre les transports en commun. Et par conséquent habiter dans des centres urbains.

Mélanie Gelkens, « Le monde en 2050 »[110]

Voyons comment l'algorithme totalitaire de leur doctrine conduit les écologistes dans le détail de l'intégralité des activités humaines.

109 *Toronto Sun*, 15 juillet 2017.

110 *Le Vif*, n°16, 18 avril 2019.

L'avion

Entrons « voyage en avion réchauffement climatique » sur Google. Avisons les résultats : Peut-on encore voyager en avion si l'on a une conscience écologique ?, Pour le climat, il faut arrêter de prendre l'avion, Climat : « Ne plus prendre l'avion, c'est être visionnaire », Pour sauver le climat, faut-il renoncer à l'avion ?, Les traînées de condensation qui s'étirent derrière les avions à réaction accentuent le réchauffement climatique de façon importante (*Le Monde*), Pour le climat, seriez-vous prêt à sacrifier vos voyages en avion ?

L'avion, plus précisément sa démocratisation, emmène nos contemporains aux quatre coins du monde, en toute liberté. « Les voyages forment la jeunesse », disait-on et chacun de se réjouir que les voyages en avion ne soient plus le privilège des « riches ». L'époque n'est pas éloignée – c'était hier – où le voyage intercontinental était un signe extérieur de richesse !

Cette démocratisation – ce *low cost*, si haï par certaines « élites » – fut l'une des meilleures réussites de l'Union européenne[111], à l'époque où elle se contentait d'être un marché commun facilitant les échanges de toutes natures.

Las ! Les avions consomment du kérosène, émettent du CO_2. Dans la grande métrique écologiste monofactorielle, il convient d'en réduire l'usage et l'accès, c'est-à-dire en toute logique en revenir au *statu quo ante*, celui d'un usage réservé aux mieux-disants économiques.

Le dossier est d'autant plus intéressant que s'y marque la collision de deux logiques antagonistes. D'une part, la logique visant à favoriser les échanges – c'est celle de la Convention relative à l'aviation

[111] Samuel Furfari, *L'écologie au pays des merveilles*, 205.

civile internationale, signée à Chicago en 1944 et qui, visant à les faciliter les échanges, interdit aux États de lever des taxes sur le carburant des avions[112] (lesquels sont taxés de maintes façons par ailleurs). D'autre part, la logique écologiste visant à pénaliser les déplacements en avion et les décourager tant que faire se peut, en obligeant les voyageurs à payer « beaucoup plus » – selon l'expression d'un ministre belge – pour leurs déplacements en avion.

L'avion est consubstantiel à la mondialisation des échanges, dans tous les domaines et non la seule économie. Jusqu'à l'assertion de l'écologisme scientifique, la disponibilité du monde était vue comme un bienfait économique mais encore intellectuel, culturel et pour tout dire moral, aussi vrai qu'il est, par exemple, malaisé de juger de façon lapidaire et simpliste une culture à laquelle on a pris la peine de se frotter *in concreto*.

Le réchauffement climatique anthropique étant une préoccupation essentiellement ouest-européenne, il paraît douteux que les écologistes parviendront à obtenir la taxation du kérosène des avions. Nul doute que les Européens, probablement par la voie de l'UE, ne parviendraient à surenchérir les déplacements en avion par d'autres voies, si les écologistes de tous les partis parvenaient à imposer leurs vues.

La Suède, comme souvent précurseur sur ces dossiers, est à l'origine d'un mouvement de « flygskam » qui vise à stigmatiser moralement les personnes qui se déplacent en avion – quels que soient leurs motifs[113] – dans l'attente de le leur interdire.

112 « Le carburant, les huiles lubrifiantes, les pièces de rechange, l'équipement habituel et les provisions de bord se trouvant dans un aéronef d'un État contractant à son arrivée sur le territoire d'un autre État contractant et s'y trouvant encore lors de son départ de ce territoire, sont exempts des droits de douane, frais de visite ou autres droits et redevances similaires imposés par l'État ou les autorités locales. » (article 24)

113 « En Suède, la honte de prendre l'avion face à la fierté de voyager en train », France Inter, https://www.franceinter.fr/societe/en-suede-la-honte-de-prendre-l-avion-face-a-la-fierte-de-voyager-en-train

Il n'y a là rien que de très cohérent avec l'analytique totalisante de l'écologisme scientifique – la lutte contre le CO_2 humain –, même si, sur ce chapitre comme les autres, la justification scientifique donne corps à des revendications antérieures.

Centralisation, entre les mains de l'État, de tous les moyens de transport

Avec la publicité commerciale, l'automobile a de toute éternité constitué l'une des manifestations de la liberté les plus honnies par les écologistes.

Par automobile, il faut entendre la voiture privée, mais encore les camions de transport et toute espèce de motorisation – d'automotion – privée.

Le premier motif de cette phobie, affiché et revendiqué, est la pollution. L'automobile pollue. C'est exact. Toutefois, le progrès technologique a permis que ces pollutions – on parle de pollution : SO_2, plomb, CO, NO_2, particules PM10 et benzène, et non de CO_2 – soient ramenées à presque rien.

Peu importe ! rétorquent les écologistes, les voitures sont de plus en plus nombreuses : même si chacune d'elles pollue moins, dans leur ensemble, elles polluent tout autant et la pollution est toujours là.

Ce qui n'est pas exact. D'une part, parce que le nombre de véhicules dans la plupart des pays d'Europe tend à se stabiliser. D'autre part, parce que les volumes globaux de pollution mesurés – on parle bien ici des volumes globaux – sont dérisoires en comparaison de ce qu'ils étaient il y a 30 ou 40 ans.[114]

Le transport privé émet du CO_2. C'est exact. Mais comment concevoir qu'y substituer des méthodes de transport public – étatisé – induira une diminution du CO_2 global ? L'histoire et la théorie économique ne nous enseignent-elles pas que les méthodes

[114] Christian Gérondeau, *L'air est pur à Paris... mais personne ne le sait !*, Paris, L'Artilleur, 2018.

planistes sont moins efficaces, consomment davantage de ressources et sont plus polluantes que le système alternatif, celui de la liberté des acteurs économiques ? Comment imaginer une allocation efficace des ressources « transports » dans un système étatisé qui, par définition, se priverait du mécanisme informatif des prix[115] ?

Toutes choses égales par ailleurs, il est certain que, pour un volume de transport identique, un système public sera moins efficace (beaucoup moins) et plus émetteur de CO_2 (nettement plus) que la liberté de circuler et de transporter.

Cette transition du libre transport privé au transport public n'a de sens que si l'on réduit drastiquement les déplacements. Et c'est là que se niche la raison d'être de cette collectivisation revendiquée du transport : non pas dans une meilleure allocation des ressources, mais dans le contrôle acquis par le fait même sur les citoyens et l'ensemble de l'activité économique.

Les écologistes ne mentent pas quand ils militent pour un changement complet de système économique et politique : projets et méthodes participent bel et bien de cette logique.

Ce qui accuse, à nouveau, l'étonnante gémellité de méthode entre écologisme et marxisme. Le titre de ce chapitre n'est pas emprunté à un penseur écologiste. Il est une citation littérale du *Manifeste du parti communiste,* de Friedrich Engels et Karl Marx.

Examinons à présent trois revendications concrètes qui indiquent que l'élimination du CO_2 humain n'est pas la finalité dernière des écologistes ; qu'une anthropologie se dresse en arrière-fond, qui dicte ses priorités, fût-ce aux dépens de la lutte contre les émissions de gaz à effet de serre.

[115] Ludwig von Mises, *Socialism*, 1922.

La viande

It shouldn't be the consumer's responsibility to figure out what's cruel and what's kind, what's environmentally destructive and what's sustainable. Cruel and destructive food products should be illegal.[116]

Jonathan Safran Foer, *Eating Animals*

Du parti flamand GROEN au *think tank* public français NOVETHIC, les écologistes exigent que soit rationnée la consommation de viande, en cohérence avec les « recommandations » du GIEC.[117] Une étude de la « Oxford Martin School » indiquait en 2016 que la généralisation du végétarisme permettrait de réduire de 63,1 % les émissions de gaz à effet de serre liées à la consommation de viande.[118]

116 « Il ne devrait pas incomber au consommateur de déterminer ce qui est cruel et gentil, ce qui nuit à l'environnement et ce qui est durable. Les produits alimentaires cruels et destructeurs devraient être illégaux. »

117 SR15, SPRM, 18.

118 http://www.oxfordmartin.ox.ac.uk/downloads/academic/160317_Springmann_co_benefits_data_overview.xlsx et même de 70,3 % avec un régime végan : onglet « climate change analysis ».

La revendication surprend. Bien sûr, la production de viande, les bovidés, leur exploitation émettent du CO_2. Mais il a été démontré que s'il fallait produire des alternatives pour nourrir l'humanité – la carnoculture, ou viande synthétique –, cela générerait des volumes de CO_2 comparables, voire nettement supérieurs.[119]

Si la lutte contre les émissions humaines de CO_2 est l'*ultima ratio* de l'écologisme, comment comprendre ces velléités de pénaliser la viande ?

L'explication est simple : de toute éternité, bien avant que naisse la théorie du réchauffement climatique anthropique, les écologistes refusent le primat reconnu à l'homme par la plupart des doctrines, idéologies, morales, philosophies et religions. Les écologistes taxent de *spécistes* ceux qui instituent une différence de et dans la nature entre l'homme et l'animal. Ils n'hésitent plus à « tagger » la façade des boucheries avec le mot « Spécistes ! », qui est, selon eux, une marque d'infamie.

Dans la tradition occidentale, on considère depuis les Grecs que ce qui différencie l'homme de l'animal est la raison. Le débat peut être rouvert, il n'est pas sans intérêt et il n'existe pas d'absolu moral (de morale objective).

Importe ici de relever qu'il existe, dans l'écologisme, une exigence et comme un moteur plus fondamental que la lutte contre le CO_2 : une éthique, une anthropologie sous-jacente.

[119] En réalité, la carnoculture n'est encore qu'une recherche en cours ; ses incubateurs, qui consomment d'importants volumes d'énergie, ne produisent guère, en l'état actuel de la technique, que quelques grammes de « viande ». Voy. E. Dolgin, « Sizzling interest in lab-grown meat belies lack of basic research », *Nature*, 6 février 2019 : « 'Clean meat' firms have drawn tens of millions of dollars in investment in recent years, but technical hurdles remain. »

L'agriculture moderne

When we see land as a community to which we belong,
we may begin to use it with love and respect.[120]

Aldo Leopold, *A Sand County Almanac and Sketches Here and There*

La même ambivalence se montre sur le thème de l'agriculture. Les écologistes n'exigent pas seulement que l'agriculture émette moins de CO_2. Ils veulent interdire le « labour profond », l'usage de pesticides et d'engrais et les techniques modernes d'irrigation, c'est-à-dire l'agriculture moderne.[121]

Certes, l'agriculture moderne émet du CO_2. Toutefois, pour un volume de production identique, l'agriculture moderne émet nettement moins de CO_2 que l'agriculture traditionnelle !

Deux explications sont possibles : soit les écologistes veulent réduire drastiquement les volumes agricoles produits, ce qui rend pensable le retour à des méthodes rudimentaires tout en émettant moins de CO_2. Mais alors se pose immédiatement la question de savoir qui ne mangera plus à sa faim ? Quels seront les groupes humains, comment les identifier, trier, sélectionner, qui seront du fait même condamnés à la faim ?

[120] « Lorsque nous considérons la terre comme une communauté à laquelle nous appartenons, nous pouvons commencer à l'utiliser avec amour et respect. »

[121] Fondation Heinrich Böll, Berlin, Allemagne, et Institut des études avancées sur la durabilité, Potsdam, Allemagne, *L'atlas du sol – Faits et chiffres sur la terre, les sols et les champs*, 2016.

Rappelons-nous qu'au delà des mots et des slogans, il y a des êtres humains. Si l'Inde ou la Chine, par exemple, renonçaient aux technologies agricoles modernes pour revenir à des méthodes traditionnelles, cela plongerait aussitôt des centaines de millions de personnes dans la famine. En doutez-vous ? C'était la réalité de ces pays avant la « révolution verte », c'est-à-dire précisément le développement et la généralisation de méthodes et technologies agricoles modernes.[122]

L'autre explication, qui n'est pas incompatible avec la première, est que la lutte contre le CO_2 n'est qu'un moyen au service de fins supérieures.

122 Guy Sorman, *Le progrès et ses ennemis*, Paris, Fayard, 2001.

Le nucléaire

Nuclear energy is both expensive and dangerous.

Greenpeace USA[123]

Tandis que la réduction des émissions de CO_2 semble constituer l'alpha et l'oméga de toutes choses écologistes, revendications et raison d'être, singularisons deux pays qui suggèrent que, derrière la lutte contre le CO_2 humain, se dresse une autre réalité.

La France est l'un des pays du monde qui émet le moins de CO_2 par habitant. La raison en est la prédilection historique de ce pays pour le nucléaire, qui produit 75 % de son électricité. Ce nonobstant, les écologistes de tous les partis ont exigé et obtenu que la France se lance dans une coûteuse « transition énergétique » sur le modèle allemand, aussi nommée « transition écologique » (les écologistes n'écrivent jamais écologistes, toujours écologiques : c'est la science qui parle, non l'idéologie).

Cette transition vers des énergies dites renouvelables, en pratique intermittentes, n'améliorera en rien le bilan carbone de la France. Il est, en effet, matériellement impossible de produire moins que zéro, or le nucléaire n'émet pas de CO_2.[124]

[123] https://www.greenpeace.org/usa/global-warming/issues/nuclear/

[124] Si l'on tient compte de la production d'énergie en tant que telle mais également du cycle de vie d'une centrale nucléaire – de l'extraction des matières premières au stockage des déchets – les émissions de CO_2 du nucléaire sont comparables à celles des énergies renouvelables.

La haine du nucléaire que nourrissent les écologistes doit par nécessité répondre à d'autres motifs que la volonté de réduire les émissions de CO_2…

Le cas de la Belgique est encore plus parlant. Voici un pays qui produit 50 % de son électricité par le nucléaire. Sous la pression des écologistes, ce pays décide de sortir intégralement – d'autorité ! – du nucléaire en 2025, mettant hors service, d'un coup d'un seul, ses 7 réacteurs nucléaires. Or, trois de ces réacteurs pleinement amortis pourraient continuer à produire de l'électricité à bas prix et zéro carbone pendant de longues années.

Pour remplacer cette source d'énergie qui n'émet aucun CO_2, les écologistes plaident la construction de centrales au… gaz. C'est-à-dire des centrales « fossiles » qui émettent infiniment plus de CO_2 que le nucléaire.

Où l'on perçoit que non seulement il y a autre chose que la volonté de réduire les émissions de CO_2, mais que cette « autre chose » qui fonde la démarche écologiste est déterminante et l'emporte sur la volonté de réduire le CO_2 « anthropique ».

XXIV. L’euthanasie altruiste

Ne plus soigner les personnes âgées n’est pas une question de coût, mais de qualité de la vie.

Corinne Ellemeet, députée écologiste néerlandaise[125]

Quand Corinne Elisabeth de Jonge van Ellemeet, députée néerlandaise du parti écologiste « GroenLinks », fait de la diminution des traitements aux plus de 70 ans une condition *sine qua non* des négociations gouvernementales[126], on peut n’y voir qu’une dérive personnelle et marginale. Après tout, « diminuer les soins aux personnes âgées », en langage clair, cela signifie la mort. Rationner les soins – c’est de cela qu’il s’agit – implique en toute rigueur médicale de laisser mourir.

Y regardant de près, on verra que la proposition n’a rien d’isolé dans la *Weltanschauung* (vision du monde) écologiste : elle est reprise et partagée par nombre d’associations, centres de réflexion, *think tank* et partis écologistes.[127]

125 « Het gaat mij niet om de kosten, maar om de kwaliteit van leven. », *De Telegraaf*, 13 février 2019, https://www.telegraaf.nl/nieuws/3151780/minister-aan-de-slag-met-omstreden-plan-groen-links?utm_source=google&utm_medium=organic

126 « Wrede GroenLinks-troela Corinne Ellemeet wil ouderen zorg afpakken : ‘Stoppen met ‘overbehandelen’ !’ », *De Dagelijkse Standaard*, 12 février 2019, https://www.dagelijksestandaard.nl/2019/02/wrede-groenlinks-troela-corinne-ellemeet-wil-ouderen-zorg-afpakken-stoppen-met-overbehandelen/

127 « Santé : est-il acceptable de cesser les traitements pour les plus âgés ? », *Le Soir*, 19 mars 2019, https://plus.lesoir.be/213081/article/2019-03-19/sante-est-il-acceptable-de-cesser-les-traitements-pour-les-plus-ages

Du reste, cette suggestion de laisser faire la nature s'inscrit de façon cohérente dans un « pattern », consistant à voir dans la personne âgée – dans la personne tout court – d'abord et avant tout une consommation de ressources et des émissions de CO_2.

Pratique impensable il n'y a pas 30 ans, en contradiction directe avec le serment d'Hippocrate, l'euthanasie faisait récemment une entrée fracassante dans le droit de plusieurs pays européens. Des garde-fous ont été érigés, mais le principe est net : lorsqu'une personne décide que sa vie est dénuée de sens, il ne lui reste plus qu'à y mettre un terme.

L'euthanasie – ou le suicide – a toujours existé et est consubstantiel à l'idée d'humanité : de toute éternité, certains de nos semblables ont préféré mettre fin à leurs jours. Ce qui était inconcevable jusque récemment était d'en légaliser la pratique, de la *normaliser.* Parce que les personnes ont des « passages à vide » et connaissent des situations de faiblesse qui les laissent vulnérables face à leur entourage. De telles préoccupations ont été balayées et, dans des pays comme les Pays-Bas et la Belgique, l'euthanasie – la mise à mort légale – des personnes qui le demandent est désormais considérée comme *normale*.

L'argument principal des partisans de l'euthanasie – qui n'est pas antipathique aux libéraux – est que seules les personnes qui le souhaitent sont euthanasiées.

Pourtant, cet argument ne résiste pas à l'analyse. Le débat porte déjà sur l'extension de l'euthanasie aux personnes qui ne sont pas et plus en mesure d'exprimer leur volonté[128] : on ne saurait mieux dire qu'il s'agit d'euthanasier des personnes qui, par définition, n'en émettent pas, voire n'en ont jamais émis, le souhait.

128 Frank Judo, « La législation sur l'euthanasie aux Pays-Bas et en Belgique : un train peut en cacher un autre », *Laennec*, 2013/2, tome 61, pages 69 à 79.

De plus, la Belgique a récemment légalisé l'euthanasie des enfants sans limite d'âge – avant même que la capacité à exprimer un consentement, voire en fait la moindre parole, se soit formée.

L'euthanasie est désormais légale sans le consentement de l'être humain euthanasié.

L'exigence de la députée écologiste néerlandaise s'inscrit de façon cohérente dans ce *pattern*, car il s'agirait de limiter les soins à toutes les personnes âgées, sans égard à leur volonté propre, et contenir du fait même cette « apocalypse rampante » qu'est l'humanité.[129]

La considération attentive de la pseudo-anthropologie écologiste – qui n'est guère plus qu'une *métaphysique de la nature*, selon l'expression de Hans Jonas – ouvre de vertigineuses perspectives.

[129] Hans Jonas, interview à *Esprit*, 1991, 11.

Mathieu médite

Dans le confinement de sa cellule, Mathieu médite. Il n'a pas beaucoup d'autres distractions, sinon l'exercice physique auquel il se contraint. Sur ces entrefaites, Mathieu vient d'avoir 13 ans. Personne n'a songé à lui souhaiter bon anniversaire.

Mathieu se demande comment les générations précédentes voyaient le monde. Comment un enfant – un jeune adolescent – de son âge pouvait bien voir le monde, le passé, son avenir. Mathieu ne peut que constater l'ampleur des bouleversements.

Tout avait débuté sur un mode mineur, et sous l'œil bienveillant de la science. On avait commencé par réduire drastiquement la circulation automobile, avant de l'interdire en collectivisant les transports. On avait institué en crime contre l'humanité le fait de contester les déprédations de l'homme sur la nature. Un article zéro « climat » fut institué en tête de la Convention européenne des droits de l'homme, obligeant à soumettre l'ensemble des libertés publiques à l'impératif de survie de l'humanité, donc de réduction des émissions humaines de gaz à effet de serre. Cet article fut aussitôt décliné dans la plupart des constitutions nationales. Des bureaux de planification écologistes de l'économie furent bientôt mis en place, pour veiller à ce qu'aucune initiative ni activité économiques ne soient menées qui contribuent en quelque façon au réchauffement climatique. En France et en Belgique, l'article 544 du Code civil qui consacre la propriété privée ne fut pas abrogé, mais complété d'un modeste littéra. « La propriété est le droit de jouir et disposer des choses de la manière la plus absolue, pourvu qu'on n'en fasse pas un usage prohibé par les lois ou par les règlements » devint « La propriété est le droit de jouir et disposer des choses dans les limites de la loi et de l'impératif climatique. » L'internet à haut débit – ce qu'on appelait à l'époque la 5G – fut proscrit, au nom de la santé publique et de la préservation des ressources.

L'effet conjugué de ces mesures fut ce qu'on appela la Stagnation Écologique, et bientôt l'ère de la Modestie. Malheureusement, cette modestie ne dura pas, car bientôt l'économie s'effondra (« décrut ») et les troubles se firent grandissants.

Des désordres de plus en plus violents – les retraités ne percevaient plus leur retraite, l'assistance sociale sous ses formes multiples n'était plus assurée, les tribunaux cessaient de fonctionner, déplacements et chauffages devenaient difficiles dès lors que tout avait été « électrifié » et que le réseau électrique s'était affaissé sous le poids de son propre coût – justifièrent l'instauration de l'état d'urgence. Les élections furent reportées, puis suspendues, enfin abolies.

Face à la menace de chaos et d'anarchie, les velléités de planification nationale furent ramassées dans un Plan européen d'Économie Durable, avec des « chapitres » nationaux.

Mathieu ne connaît pas les détails ; quand son père lui parle de cette époque, il le fait avec passion et même exaltation. Tout ce que Mathieu sait est qu'entre le Plan européen d'Économie Durable et l'institution de la Nomenklature des Ressources, la population de son village s'est réduite de 80 %, et qu'il en est désormais le seul enfant.

Comment en est-on arrivé là ? Comment justifier que les Nomenklaturistes baignent dans l'opulence – dans un monde qui ressemble singulièrement à celui du passé, selon l'idée que Mathieu peut s'en faire –, alors que lui et ses semblables sont pauvres. Oui, pauvres ! Miséreux même ! Rationnés de tout : eau, électricité, chauffage, CO_2... Quel est ce monde ?

Pourquoi, songe Mathieu, devrais-je m'y résoudre ? Ne suis-je rien ? Seulement une ressource parmi d'autres ? N'y a-t-il en moi rien qui justifie une forme de... L'enfant ne trouve pas ses mots.

Il attend le verdict.

XXV. Un enfant = 58,6 tonnes d'équivalent-CO2 (tCO2e) par an

L'explosion démographique doit être arrêtée ; il faut qu'elle le soit !

Hans Jonas, 1991[130]

The mother of the year should be a sterilized woman with two adopted children.[131]

Paul Ehlirch, « Life », 17 avril 1970

Dans un article largement « circulé » dans la presse, « The climate mitigation gap : education and government recommendations miss the most effective individual actions », publié par *Environmental Research Letters* en 2017[132], les auteurs préconisent trois façons de réduire les émissions de gaz à effet de serre : un régime « végan » généralisé, le rationnement des voyages en avion, renoncer à la voiture. Bien qu'utiles, soulignent les auteurs, ces trois méthodes sont d'un impact faible en regard de la voie royale : « avoir un enfant de moins ». Cela est justifié par une métrique en émissions de tonnes de CO_2 qui est la marque de fabrique de cette littérature.

[130] Interview à *Esprit*, 1991, 14.

[131] « La mère de l'année devrait être une femme stérilisée avec deux enfants adoptés. »

[132] Seth Wynes et Kimberly A. Nicholas, *Environ. Res. Lett.*, 12 (2017).

La phobie de la natalité est probablement le sujet sur lequel se montre le mieux l'âme profonde – ne parle-t-on pas d'écologie profonde ? –, la trame véritable de l'écologisme.

Ce n'est un secret pour personne que depuis plusieurs décennies le taux de fécondité des femmes occidentales est inférieur au taux de remplacement. Les Occidentales, et les Occidentaux, ne font plus assez d'enfants pour ne serait-ce que perpétuer nos populations. Le phénomène n'est atténué, et parfois surcompensé, que par la pratique d'une immigration sur des échelles qui ne sont pas sans causer d'importantes difficultés économiques et culturelles – c'est un autre sujet.

Historiquement, cette chute de la fécondité est concomitante de la légalisation de l'avortement ou interruption volontaire de grossesse (IVG), sans qu'il faille nécessairement voir dans cette corrélation une causalité, moins encore unique.[133]

La régression démographique pose de nombreuses difficultés. N'en mentionnons que deux : d'un point de vue économique, un marché qui régresse en nombre est généralement synonyme au mieux de stagnation, le plus souvent de régression économique. Se pose également le problème du payement des retraites, particulièrement dans les pays qui pratiquent la retraite par répartition, c'est-à-dire que les retraites sont payées sans épargne, directement par la population active. Lorsque la population active se réduit tandis que la population en retraite continue à croître, le problème devient rapidement insoluble.

[133] Le lien entre les deux problématiques n'avait pas échappé à Paul Ehrlich : « Si l'on parvient à diminuer de moitié le taux des naissances, c'est en instituant l'avortement libre. L'avortement est un moyen radical de contrôle démographique. » *La Bombe P*, *op. cit.*, 129.

Autant de phénomènes régressifs qui finissent par affecter ce que l'on nommera le moral d'une nation. Car une nation qui vieillit et régresse démographiquement se sait et se « sent » mourir. Avec les taux de fécondité actuels de l'Europe occidentale, il ne faut que quelques générations pour que la population passe d'un volume 10 à 3, une régression de 70 %.

C'est dans le contexte de cet effondrement démographique que de nombreux groupes de réflexion écologistes proposent de « faire moins d'enfants ».

Pourquoi ? Parce qu'un enfant – un être humain – émet du CO_2. Dès lors, dans la *mathesis universalis* écologiste – qui ne répond qu'à un seul critère : les émissions de CO_2 –, donner la vie devient un acte problématique, regrettable et pour tout dire nuisible.

Un enfant = 58,6 tonnes d'équivalent-CO_2 (tCO_2e) par an.[134]

Comment l'écologisme pourrait-il échapper à ses postulats ?

134 Seth Wynes et Kimberly A. Nicholas, *op. cit.*

Conclusion générale

C'est le peuple qui s'asservit, qui se coupe la gorge.

Étienne de La Boétie, *Discours de la servitude volontaire* (1549)

Si le CO_2 humain est le problème, alors l'homme est le problème.

Par quelque bout qu'on le prenne, théorie ou mesures concrètes, dans ses revendications politiques comme son inspiration scientifique, l'écologisme contemporain nous ramène à ce truisme, cette vérité d'évidence : si le CO_2 humain est le problème, alors l'homme dans chacune de ses activités, industries, actions et ambitions est le problème.

Vainement objecte-t-on que sont problématiques les industries « polluantes » et non les activités individuelles et quotidiennes.

Le transport est l'une des principales causes d'émissions humaines de CO_2. Ces chiffres agglomérés – « le transport » – ne sont jamais que l'addition d'une multitude de choix individuels. Les porte-containers qui naviguent d'un continent à l'autre sont la matérialisation de libres choix individuels et comme l'imposante incarnation de l'activité humaine en tant que telle. Il en va de même du chauffage, de la construction et des autres sources humaines de CO_2.

Si on la laisse se nouer librement, l'activité humaine génère du CO_2. Il est intellectuellement impossible et pratiquement inconcevable de faire le départ entre des activités humaines émettrices de CO_2, qu'on pourrait brider et supprimer, et d'autres qu'on pourrait laisser se nouer librement.

Pour compenser ses émissions passées de CO_2, l'homme ne doit pas seulement les modérer : il doit les réduire à néant, le GIEC *dixit*. Des partis politiques, dans la suite du GIEC, n'hésitent plus à préconiser de réduire de 95 % les émissions de CO_2 dans un délai de 20 ou 30 ans.[135]

Cet objectif ne peut être atteint qu'en réduisant à néant la liberté humaine, car :

Liberté = CO_2

C'est ce que nous avons nommé l'algorithme totalitaire de l'écologisme :

Si le CO_2 humain est le problème, alors l'homme doit être contrôlé, bridé et domestiqué dans chacun de ses gestes et activités.

Cet algorithme totalitaire se montre dans la littérature académique écologiste, dans les revendications des organisations écologistes, comme dans les propositions concrètes des partis écologistes, qui suggèrent, recommandent, exigent que l'homme soit en effet bridé dans *chacun* de ses comportements : déplacements en voiture,

[135] En conformité avec les quatre scénarios maximalistes du dernier rapport du GIEC, SR15, cfr. *infra*.

voyage en avion, consommation de viande, énergie, possession d'un animal domestique[136], euthanasie, non-soin aux personnes âgées et jusqu'à la dénatalité et des stérilisations forcées.

En dépit d'importantes similitudes, et de formules selon lesquelles les écologistes sont « verts à l'extérieur, rouges (*ie*, socialistes) à l'intérieur », l'écologisme ne peut en aucune façon être considéré comme une simple sous-branche du socialisme. Anthropologie socialiste et « anthropologie » écologiste[137] divergent radicalement, comme divergent leurs finalités concrètes.

Bien sûr, les similitudes sont importantes, en motivation comme en méthode. L'égalitarisme, qui définit le socialisme, n'est pas étranger à l'écologisme. Comme méthode, le contrôle totalitaire de l'activité humaine est commun au marxisme – via la planification de l'économie, donc en dernière analyse de la société entière – et à l'écologisme.

Toutefois, le marxisme dans son principe (sa structure théorique) reste un humanisme, car l'homme y est la mesure de toute chose, et la nature n'est définie, problématisée et conceptualisée que dans son rapport à l'homme. À l'opposé, l'écologisme reconnaît le primat à l'ensemble, au tout « sophia-gaïen », le « Tout-vivant », la Nature dans sa globalité. Gaïa ! L'homme n'est envisagé par l'écologisme que dans la trame de son rapport à la Nature ; le

136 « Chiens et chats, grands responsables du réchauffement climatique », *Le Point*, 3 août 2017. Ce genre d'article s'appuie généralement sur de la littérature académique, en l'occurrence G. S. Okin, « Environmental impacts of food consumption by dogs and cats », *PLoS ONE*, 12(8), août 2017.

137 Il n'y a pas d'anthropologie écologiste au sens strict, seulement une « métaphysique de la nature » (Hans Jonas), selon laquelle l'homme est un mammifère parmi d'autres, qui ne se singularise guère que par sa capacité de nuire au Tout-vivant (l'hypothèse « Gaïa » du premier Lovelock).

primat revient à la nature. L'Homme de la tradition humaniste est « l'homme insulaire » de l'écologisme : une « île impossible », une erreur de perspective qui doit être dépassée.[138]

Écologisme et marxisme se distinguent encore par le fait que le marxisme est un productivisme, qui prêche l'égalité dans l'abondance, tandis que l'écologisme est un anti-productivisme. En théorie marxiste, le planificateur s'empare des moyens de la production pour l'améliorer et en répartir égalitairement les fruits. Le planificateur écologiste ne s'empare des outils de la production de CO_2 que pour les briser. Hans Jonas, grand penseur de l'écologisme au XXe siècle, a parfaitement compris et mis en lumière cette différence « ontologique » entre les approches marxiste et écologiste.

L'écologisme s'inscrit dans la logique antagoniste typique des idéologies totalitaires. Toutefois, l'ennemi qu'il désigne n'est pas extérieur ; il ne réside pas dans une catégorie de la population définie en termes raciaux ou socio-économiques. L'ennemi selon l'écologisme est en chacun d'entre nous : il est *nous*. Ce qui ramène à la première conclusion de notre travail.

Cette logique antagoniste se marque dans les « excès de langage » des écologistes, comme elle se marquait dès les premiers discours de Hitler et dans les écrits de Marx. Les grands totalitaires ont annoncé les atrocités qu'ils avaient l'intention de perpétrer. Canalisant la haine du Juif comme possédant, prégnante dans la culture allemande de son temps, Hitler et les théoriciens nationaux-socialistes lui construisent une précieuse assise théorique. Précieuse car elle offre à l'antisémite de rationaliser sa haine, elle la structure d'une justification ; elle ennoblit le feu qui couve. La construction théorique est connue : comme concept ultime du devoir, le socialisme est dérivé de l'impératif éthique du travail ; ce socialisme ne peut être instauré qu'à l'échelle d'une race, la

138 Etopia, https://etopia.be/05-limpossibilite-dune-ile/

race aryenne ; ce qui suppose l'expulsion des éléments qui lui sont radicalement hétérogènes : les Juifs. La dynamique théorique du marxisme est similaire, bien qu'en soit exempt l'élément racial, et qu'on dise « bourgeois » au lieu de « Juifs ».

Quand les théoriciens écologistes soutiennent que démocratie et libertés individuelles sont inconciliables avec la lutte contre le réchauffement climatique anthropique, ils valident la première conclusion de ce travail. Ils ont raison, car le cadre théorique de l'écologisme, s'il est pris au sérieux, ne laisse place à aucune alternative : pour sauver Gaïa, l'homme dans son individualité doit être aboli.

La perpétuation de 7,5 milliards d'humains est incompatible avec la lutte contre le réchauffement climatique. Si l'on en croit les écologistes, le problème ne se situe pas à la marge : pour se faire durable, l'humanité ne devrait pas revenir à 6 ou 5 milliards d'individus. Pour se faire écologique et durable, et réduire en effet à néant les émissions humaines de CO_2, l'humanité devrait être divisée – au minimum – par dix.

Diviser l'humanité par dix : tel est le projet de l'écologisme contemporain, rationnel et cohérent avec ses postulats, son éthique « physisiste » et sa métaphysique panthéiste. On rétorquera : ce n'est pas un projet, c'est un constat. Idéalement, il faudrait réduire l'humanité. Mais, bien sûr, c'est impossible.

Cette objection ne résiste pas à l'analyse. Le projet revendiqué par les écologistes, en théorie comme en politique, est de réduire les émissions de CO_2 humain à néant. Ils n'hésitent pas à proclamer cet objectif dans des textes juridiques internationaux et nationaux. Mieux que projet, il s'agit alors d'une obligation de droit strict. Cette obligation ne peut être rencontrée, ce projet mené à bien, que si l'humanité est en effet ramenée à une fraction de ce qu'elle est.

Le rejet écologiste du nucléaire et de l'agriculture moderne indique que le CO_2 et le « réchauffement anthropique » ne sont que des prétextes. Les écologistes sont parfaitement disposés à ce que les émissions de CO_2 explosent du moment que cela sert leur fin dernière. On notera avec intérêt que l'intégralité des revendications concrètes des écologistes étaient exactement ce qu'elles sont aujourd'hui – interdiction de la viande, de la voiture, du nucléaire, abolition de la technique et de l'économie de marché, réduction de l'humanité au besoin par la force – avant que la théorie du « réchauffement anthropique » ne germe dans l'esprit de quiconque.

Le ressort premier de l'écologisme ne réside-t-il pas dans la haine de l'homme[139] ? La haine de l'homme n'est-elle pas l'*Arkhè* (cause première) de l'écologisme, seule à même de donner sens à tout ce qui précède, théories comme revendications concrètes[140] ?

Des racines de sa « métaphysique de la nature » (*sic*) à la cime de ses prétentions concrètes, l'écologisme est un totalitarisme.

139 C'est également la conclusion de Luc Ferry, *Le Nouvel Ordre écologique*, 1992, 146s et de Charles Rubin, *The Green Crusade : Rethinking the Roots of Environmentalism*, Rowman & Littlefield, 1998.

140 Quand Paul Ehrlich décrit la genèse de sa prise de conscience écologiste, « par une certaine nuit d'été » à Delhi, en Inde, « dans un taxi vétuste, infesté de puces », cerné de partout par une masse « grouillante d'hommes » (sic), « des hommes qui déféquaient et urinaient. Des hommes qui s'agrippaient aux autobus. Des hommes qui récupéraient leur bétail. Des hommes, des hommes, des hommes, des hommes », que décrit-il sinon sa propre répulsion physique teintée de racisme ? (*op. cit.*, 17-18)

Le Jardin-Forêt de la Métamorphose

«Mourir cè vivre»

Mantragaïa (fragment) auteur inconnu, XXIe s.

Rhabillé de pied en cap, lavé et coiffé, Mathieu passe inaperçu ; il n'est plus qu'un enfant parmi d'autres. À nouveau, il prend la direction des Cheminées. Mathieu veut partir, retrouver son père, sa liberté ; car la Nomenklature s'est montrée clémente. Mais d'abord, il veut savoir.

Durant son confinement, Mathieu a convoqué les bribes d'histoire que l'école, puis son père, lui ont transmises. Ce sont ces bribes qui lui permettent de connecter les points apparemment dénués de sens de son expérience au sein de la Nomenklature.

Ses professeurs d'Histoire du Tout-vivant lui ont expliqué que la civilisation technologique avait connu un double apogée : le capitalisme américain et le nazisme allemand. Ces deux régimes se caractérisaient par une même obsession du progrès technologique, de l'industrie, et se livraient au même saccage de notre mère nourricière.

Durant la guerre – Mathieu ne se rappelle plus laquelle, une grande guerre du siècle précédent –, les nazis avaient conquis de nombreux pays. Dans ces pays, ils avaient enlevé leurs ennemis et les avaient concentrés dans des camps. Or, certains de ces camps ne se contentaient pas de parquer les prisonniers : ils les tuaient.

Ils les gazaient. Son dernier professeur d'Histoire du Tout-vivant leur avait expliqué que cette extermination était un exemple, parmi d'autres, des catastrophes morales de la civilisation techniciste.

Mathieu garde en tête une image de l'un des camps nazis, dans ce qui était la Pologne... de longs baraquements parallèles s'étendaient à perte de vue... les prisonniers étaient parqués, dans l'attente de leur extermination.

Ces femmes qui l'ont accompagné dans le camp. Ces cheminées insolites. Quelle est cette forge ? De quel monde souterrain cette forge est-elle la crête ?

Mathieu gagne le périmètre des baraquements, à l'endroit où il s'est fait intercepter. Nul barbelé ni mirador : c'est la Nomenklature elle-même qui est sécurisée. Des femmes se livrent à de menus travaux de plantation. À nouveau, il fait chaud.

Il n'y a pas de gardes, pas de chiens, aucun des signes que Mathieu associe aux camps qu'on leur avait montrés. Les occupants des baraquements semblent circuler comme bon leur semble.

Prenant son courage à deux mains, Mathieu pénètre dans le deuxième baraquement sur sa droite, entre deux constructions identiques et parallèles, dans une aire clairsemée de gazon.

À l'intérieur, l'air est pesant, chargé d'effluves diverses. S'il y a l'eau courante, elle court très loin. Ce qui frappe Mathieu, c'est le silence. Tandis que des centaines de personnes – des femmes, Mathieu n'aperçoit que quelques enfants, aucun homme – semblent s'agglutiner dans ce lieu, Mathieu ne perçoit que de rares bribes de conversation.

L'enfant retrouve sur le visage de ces femmes la sorte de résignation qui se peignait sur celui de ses camarades du court voyage entre l'extérieur du périmètre et le sein de la Nomenklature. Un air dolent.

Mathieu entend des langues qu'il ne connaît pas, en plus de la sienne. Comme personne ne semble s'intéresser à sa présence, il renonce à tenter de nouer un dialogue. Il sort.

Mathieu ne sait que faire ; pourquoi n'y a-t-il aucun garde ? Se serait-il trompé ? Rien ne correspond. Mais alors, pourquoi ces femmes vivent-elles dans ces baraques de fortune, à quelques mètres des rutilants bâtiments de la Nomenklature ? !

L'enfant sent le désespoir l'envahir. Perdu dans ses pensées, il remonte machinalement les baraquements, vers les Cheminées. L'atmosphère se fait lourde. Est-ce la chaleur ? Sont-ce les fumées ? Il aperçoit de minces volutes, entre ses pieds, qui s'évanouissent à l'instant où il s'avise de leur présence.

Une vieille femme est assise contre la paroi d'un baraquement. S'en approchant, Mathieu la voit désœuvrée. Elle remarque sa présence, le regarde d'un air doux, un peu absent. Mathieu s'en approche ; il la salue, elle parle sa langue.

— *Que fais-tu ici, petit ? Je ne t'ai jamais vu.*

— *Je suis arrivé récemment.*

— *Que veux-tu ?*

— *Je... je veux savoir.*

— *Savoir ?*

— *Comprendre à quoi servent ces cheminées.*

L'échange se noue lentement, tant la vieille femme semble lasse. Elle ne se dépare pas de son air protecteur et aimable ; presqu'aimant.

— *Tu veux comprendre. Y a-t-il quelque chose à comprendre ? Faut-il toujours chercher à comprendre ?*

— *Pourquoi ces cheminées ?*

La vieille femme le regarde en souriant :

— *Comment t'appelles-tu ?*

— *Mathieu.*

— *Ce n'est pas un Nomen. Tu viens de l'extérieur.*

Mathieu ne répond pas.

— *Ne t'inquiète pas. Moi aussi, je viens de l'extérieur.*

— *Quel est le rôle de ces Cheminées ? Pourquoi ces baraquements ? Qui sont ces gens ? Qui... êtes-vous ?*

— *Selon toi, quel pourrait être le sens de tout ceci ?*

Mathieu lui répète ce que lui ont expliqué ses professeurs d'histoire du Tout-vivant, mêlant des souvenirs dans la trame de son pauvre langage, écorchant les concepts, les interchangeant.

À la fin de son bref récit, la vieille femme reste sans réagir. Son regard vide reste posé sur lui, sans mouvement. Puis Mathieu voit s'y allumer une étincelle, qui bientôt s'embrase : la vieille femme se met à rire. Tout son corps, inerte il y a un instant, s'anime. Elle rit aux éclats, retroussant ses lèvres sur des dents gâtées. Se calmant avec peine, la veille femme lui jette :

— *Tu crois que nous sommes des nazis, n'est-ce pas ? Tu te figures que ces cheminées s'ouvrent sur des chambres à gaz ? Tu penses que la Nomenklature est une sorte de camp d'extermination, sur le modèle d'Auschwitz ou de Treblinka ?*

Mathieu ne sait que répondre ; ces noms ne lui évoquent rien. La vieille femme reprend :

— *Petit imbécile. C'est tout ce qui t'est venu à l'esprit ? Tu pénètres le sanctum sanctorum pour y jeter ton venin de créature malade ? Comment oses-tu comparer la Nomenklature à l'un des régimes les plus criminels de l'ère hybristique ? N'as-tu rien vu, rien compris ? Ton école ne t'a rien enseigné ? Sont-ce tes parents qui t'ont fourré le crâne de ces sottes comparaisons ?*

À nouveau, Mathieu reste interdit. Comme on lui parle de ses parents, il répond :

— *Ma mère est morte ; elle s'est fait humuser.*

À son tour, la vieille femme s'apprête à répondre, puis se ravise ; comme par enchantement, elle retrouve toute la plénitude de son calme souverain.

— *Pourquoi s'est-elle fait humuser ?*

— *Parce qu'elle estimait que sa présence sur notre Terre était dénuée de sens.*

— *Crois-tu qu'elle est seule à parvenir à cette conclusion ? Ne sais-tu pas qu'ils sont – que nous sommes – nombreux à partager la philosophie de ta mère ?*

Son animosité semble l'avoir quittée ; elle se fait pédagogue :

— *Durant l'ère fossile, les individus vivaient le plus longtemps possible, au delà de toute raison. Il n'était pas rare de croiser des centenaires. Des centenaires ! Cent années d'émissions de gaz à effet de serre ; cent années de consommation de ressources. De nos jours, nous pensons que vient un moment, lorsque les... opportunités de l'existence sont épuisées, il est temps de rejoindre le sein de notre Mère... S'oublier dans le grand Tout.*

Tel est le sens du complexe dans lequel tu te trouves, mon garçon.

— *Mais alors, ces gens, ces baraquements...*

— *Tous ces gens sont ici parce qu'ils le veulent. Ce que tu nommes cheminées, là, à quelques pas de nous, n'est autre que l'Accès au Jardin-Forêt de la Métamorphose.*

— *Quelle métamorphose ?*

— *Les dépouilles mortelles des humains représentent une biomasse dont le poids environnemental est loin d'être négligeable. Pas de gestion soutenable de l'environnement sans la réinsertion correcte de nos dépouilles dans la biosphère. Ce Grand Humuseur que tu as face à toi – car c'est de cela qu'il s'agit – traduit notre vision sur la vie et la mort, en accord complet avec les lois de la nature : nous « venons » de la Terre et, à la fin de notre existence terrestre, nous y retournerons pour faire de l'humus, de la terre vivante.*

— *Cette conception ne m'est pas étrangère.*

— *Je le sais, mais laisse-moi compléter ton information. Résidus d'une ère périmée, nos corps sont gorgés de médicaments, métaux lourds, pesticides, fongicides, perturbateurs endocriniens, nano-particules, prothèses et autres. Seule la capacité épuratoire d'un super compost, adéquatement géré, peut garantir un retour à la Terre, sans « ardoise », y compris au niveau des germes pathogènes, pour les Générations Futures. En choisissant l'Humusation, la seule pratique funéraire 100 % favorable à l'environnement, nous cessons d'empoisonner les vivants avec notre dépouille mortelle et nous réduisons notre empreinte écologique globale plutôt que l'alourdir encore.*

— *Mais ces femmes que j'ai aperçues dans les baraquements, tous ces gens... ils ne sont pas malades. J'en ai vu de fort bien portants !*

— *Qui es-tu pour juger du sens de leur vie ? Qui es-tu pour leur ôter le droit de cesser de polluer notre Mère quand ils se sentent prêts ? Qu'est-ce qui est important, la vigueur physique ou la maturité de ton âme ? L'euthanasie, autrefois, ne s'adressait qu'aux désespérés. La philosophie de notre époque est à l'opposé : le choix de l'humusation est l'apothéose d'une vie de créature humble et modeste, respectueuse du Sein qui l'a vue naître. L'euthanasie se vivait comme une sorte d'échec, une échappatoire ; nous y voyons l'acte d'amour ultime d'une créature qui se sacrifie pour le bien-être du Tout. Des millions d'entre nous ont fait ce choix ici, entre nos murs, et partout dans le monde.*

— *Ce ... Grand Humuseur semble n'avoir pour vous aucun secret.*

— *J'en suis la gardienne. Te fais-je l'effet d'un « kapo » ?*

— *Comment se déroule l'humusation ?*

— *Après avoir enlevé les vêtements, les bijoux, le défunt est enveloppé dans un linceul fait d'un beau tissu biodégradable. Dans le Jardin-Forêt de la Métamorphose, une place est réservée, pour un an. La dépouille est déposée sur un lit douillet fait d'un savant mélange de bois d'élagage et de lignite broyés, fortement imprégné d'eau de pluie contenant un accélérateur de décomposition. Après le dernier adieu, les Humusateurs, dûment certifiés, utilisent encore ce mélange amélioré pour couvrir intégralement le corps du défunt. Ils ajustent ensuite le tas pour en faire une sorte de « monument vivant » qu'ils couvrent d'une couche faite de paille, de feuilles mortes broyées, éventuellement mélangées avec de la tonte d'herbe séchée. Ce manteau est nécessaire pour garder la dépouille bien au chaud. Tu vois, tout cela est à la fois naturel et si... humain !*

— *Mais, les cheminées ?*

— *Pour les Retournants sans famille, il n'est besoin d'aucun espace de mémoire. Ceux-là sont placés dans la structure centrale, qui est en fait un grand composteur. Les cheminées servent simplement à évacuer la fumée, car le compostage des matières organiques dégage de la chaleur.*

— *Donc ce jardin, cette forêt derrière les cheminées, est en fait un gigantesque... cimetière ?*

— *C'est un mot qui n'est plus vraiment en usage, tu sais. Pourquoi abimer le plus bel acte de la Création en convoquant des images tristes et périmées ? C'est le jardin de la vie au sens noble de ce terme que tu contemples, celui de la fusion de la créature avec sa Mère !*

— *Que se passe-t-il après ?*

— *Après trois mois de maturation, le « monument » a fortement diminué de volume, car les chairs ont déjà été digérées par des myriades de micro-organismes et bactéries du sol en les transformant en terreau. Alors, les Humusateurs retirent les prothèses métalliques et matériaux non biodégradables pour parer à toute pollution du sol. Ensuite, ils réduisent en poudre les os riches en phosphore et en calcium bien nettoyés et rendus plus friables avant de refaire le « monument » en mélangeant intimement le tout, avec quelques pelletées d'argile, tout en ajustant le taux d'humidité et en y incorporant les préparations biodynamiques pour en faire un excellent amendement. Car les protéines des chairs se seront associées chimiquement aux polymères naturels de la cellulose des matériaux végétaux, pour faire l'humus.*

— *Est-ce la fin du processus ?*

— *Le plus beau est à venir ! À la fin du processus, il reste du « super-compost » que les Humusateurs expérimentés utilisent pour régénérer les sols les plus malmenés par l'exploitation humaine : terres de grandes cultures, friches industrielles, boues de dragage... Afin de pouvoir y planter des arbres qui fixeront durablement une partie du* CO_2 *excédentaire responsable du dérèglement climatique... Ce que tu nommais « euthanasie » est, en réalité, le don de la vie.*

— *Je comprends.*

— *Oui, maintenant tu comprends. Ce que tu as face à toi n'est pas l'antre de l'équarrisseur, mais le plus bel accomplissement de l'âme humaine, l'expression ultime de sa réconciliation avec le Tout-vivant.*[141]

141 La description du Jardin-Forêt de la Métamorphose, en ce compris les expressions lyriques dont elle est émaillée, est empruntée à humusation.org, site de la Fondation belge d'utilité publique « Métamorphose, mourir puis donner la Vie » qui milite pour la légalisation de l'humusation. Ce chapitre n'est pas une fiction.

Principales conclusions de ce travail (pour lecteurs pressés)

Réduire les domaines où peut s'exercer la liberté de choix, c'est porter atteinte à l'essence même de l'homme.

Isaiah Berlin[142]

1. L'écologisme n'est pas un marxisme ;

2. L'intégralité des prédictions malthusiennes sur le thème de l'épuisement des ressources depuis 250 ans – Malthus, Jevons, Ehrlich, Meadows… – s'est avérée fausse, sans aucune exception ;

3. L'éthique écologiste est « physisiste » et dés-anthropocentrée : elle valorise la Nature dans sa globalité sans discrimination ; l'homme y subit une dégradation ontologique sans précédent dans la tradition occidentale ;

4. Si le CO_2 humain est le problème, alors l'homme est le problème (analytique totalisante de l'écologisme) ;

5. Si le CO_2 humain est le problème, alors l'homme doit être bridé, contraint et obligé dans l'intégralité de son agir (algorithme totalitaire de l'écologisme) ;

142 *Éloge de la liberté*, Paris, Calmann-Lévy, 1990 (1969), 48.

6. L'abolition de la liberté individuelle ne « découle » pas de l'algorithme totalitaire de l'écologisme : elle est *cet algorithme ;*

7. La tentation humanicide de l'écologisme est cohérente avec ses postulats ;

8. La dés-humanisation de la Terre est la solution finale[143] *au problème écologiste ;*

9. Si l'écologie est une science, elle n'a rien à dire dans le champ politique ; quand elle s'y aventure, elle cesse d'être une science ;

10. L'écologisme est un totalitarisme.

Chacune de ces propositions est structurellement réfutable. Les propositions 3 à 8 sont pleinement assumées par un nombre significatif d'intellectuels écologistes.

> *Power is in inflicting pain and humiliation. Power is in tearing human minds to pieces and putting them together again in new shapes of your own choosing. Do you begin to see, then, what kind of world we are creating ? It is the exact opposite of the stupid hedonistic Utopias that the old reformers imagined. A world of fear and treachery is torment, a world of trampling and being trampled upon, a world which will grow not less but MORE merciless as it refines itself. Progress in our world will be progress towards more pain. The*

[143] « Solution finale » ? L'expression n'est-elle pas outrageante ? N'est-ce pas l'expression « solution finale » dont usaient les nationaux-socialistes pour désigner l'extermination des Juifs ? ! Il ne faut pas chercher aussi loin. Hans Jonas, penseur par excellence de l'écologisme humanophobe, parle expressément de « solution finale » – *die endgültige Lösung* – au problème écologique dans cette si éclairante interview crépusculaire à *Der Spiegel*, en 1992 : https ://www.spiegel.de/spiegel/print/d-13680535.html Cfr. l'annexe 2 de ce travail.

old civilizations claimed that they were founded on love or justice. Ours is founded upon hatred. In our world there will be no emotions except fear, rage, triumph, and self-abasement. Everything else we shall destroy – everything. Already we are breaking down the habits of thought which have survived from before the Revolution. We have cut the links between child and parent, and between man and man, and between man and woman.[144]

George Orwell, *1984*

[144] « Le pouvoir consiste à infliger douleur et humiliation. Le pouvoir consiste à déchirer les esprits humains et à les rassembler sous de nouvelles formes de votre choix. Commencez-vous à voir quel genre de monde nous créons ? C'est exactement le contraire des stupides utopies hédonistes imaginées par les vieux réformateurs. Un monde de peur et de trahison est un supplice, un monde de piétinement et d'être piétiné, un monde qui ne deviendra pas moins, mais PLUS impitoyable à mesure qu'il s'affine. Le progrès dans notre monde sera un progrès vers plus de douleur. Les anciennes civilisations ont affirmé qu'elles étaient fondées sur l'amour ou la justice. La nôtre est fondée sur la haine. Dans notre monde, il n'y aura pas d'émotions sauf la peur, la rage, le triomphe et l'abaissement de soi. Tout le reste nous allons le détruire – tout. Nous détruisons déjà les habitudes de pensée qui ont survécu d'avant la Révolution. Nous avons coupé les liens entre enfant et parent, entre homme et homme, entre homme et femme. »

Postface – Alternative

The material conditions of life will continue to get better for most people, in most countries, most of the time, indefinitely.[145]

Julian Simon, « The Doomslayer », *Wired*, 1er janvier 1997[146]

Au terme de cette lecture, sans doute vous posez-vous la question : même si tout cela est vrai, *quid* si effectivement l'homme par ses émissions de CO_2 réchauffe la planète ?

Ne serions-nous pas, en quelque façon, condamnés à nous soumettre de ce fait à l'algorithme totalitaire de l'écologisme, ne serait-ce que pour survivre ?

Quelques éléments de réponse, dans la modeste mesure des compétences de l'auteur de ces lignes.

145 « Les conditions matérielles de la vie continueront à s'améliorer pour la plupart des gens, dans la plupart des pays, la plupart du temps, *indéfiniment*. Dans un siècle ou deux, toutes les nations et la plus grande partie de l'humanité seront au même niveau ou au-dessus du niveau de vie occidental actuel. » (italiques ajoutés)

146 https ://www.wired.com/1997/02/the-doomslayer-2/ « I also speculate, however, that many people will continue to think and say that the conditions of life are getting worse. »

Soulignons d'abord que des dizaines de milliers de scientifiques de par le monde – au sens des sciences dures – divergent radicalement des travaux « scientifiques » du GIEC.[147]

Rappelons que le CO_2 n'est pas un polluant, moins encore un poison, qu'il n'y a pas de vie sans CO_2 et que nous exhalons du CO_2 chaque fois que nous respirons.

Relevons que le gouvernement américain projette la mise en place d'une commission scientifique qui se chargera de réviser la littérature du GIEC à l'aune de la science.[148]

Notons, en rang accessoire, que nombre de scientifiques soutiennent pour leur part que le climat a toujours évolué et que même si l'homme pourrait avoir un rôle marginal dans le léger réchauffement actuellement observé – que personne ne conteste – ce n'est en rien problématique en soi.

Concluons en soulignant avec force que tout qui prétend que les travaux du GIEC sont scientifiques, que le SR15 – le dernier rapport spécial du GIEC – est autre chose qu'un brouet grotesque en raison, dont la valeur scientifique est *nulle* pour les raisons de méthode que nous exposons dans la première annexe de ce travail, celui-là s'expose au mépris légitime des siècles à venir.

[147] Pétition de l'Orégon (http ://www.oism.org/pproject/), Appel d'Heidelberg (https :// americanpolicy.org/2002/03/29/the-heidelberg-appeal/), Déclaration de Leipzig (https :// journals.sagepub.com/doi/abs/10.1260/0958305042886732 ?journalCode=eaea), Déclaration de Manhattan (http ://www.climatescienceinternational.org/index.php ?Itemid=54), etc.

[148] Alex Newman, « Massive Coalition Backs Trump's Climate Science Committee, » *New American*, 20 mars 2019, https ://www.thenewamerican.com/tech/environment/ item/31791-massive-coalition-backs-trump-s-climate-science-committee

À l'instar du communisme et du nazisme, dans la durée l'écologisme ne peut pas triompher, car il suppose une reprogrammation intégrale de la nature humaine, en petite créature soumise et craintive, que finalement rien ne distingue du sanglier ou de la belette.

L'homme, l'Homme ! ne vaut-il pas mieux que cela ? N'*est*-il pas mieux et autre chose qu'un mammifère ratiocinant ? Les formidables progrès qui nous ont menés à faire croître et améliorer les conditions de la vie sur notre planète nous mèneront à la répandre dans le système solaire, et au delà.

Tel est le glorieux destin de l'Humanité qui, par ces motifs, mérite notre respect, notre confiance et notre amour.

Annexe 1 – Le dernier rapport du GIEC (SR15)

This is the first time in the history of mankind that we are setting ourselves the task of intentionally, within a defined period of time, change the economic development model that has been reigning for at least 150 years, since the Industrial Revolution.[149]

Christiana Figueres, secrétaire exécutive de l'UNFCCC, organisation faîtière de l'ONU sur le climat, 2015[150]

Dans son dernier rapport spécial « Global warming of 1.5°C » (SR15), le GIEC propose quatre scénarios devant permettre à la Terre de contenir le réchauffement à 1,5°C.

Dans ces quatre scénarios, les émissions de CO_2 sont réduites virtuellement à néant d'ici 2050.

Les quatre scénarios mettent en œuvre, à des degrés divers, les techniques dites de *Carbon Dioxide Removal* (CDR), qui compensent les émissions humaines de CO_2 :

149 « C'est la première fois dans l'histoire de l'humanité que nous nous donnons pour tâche de modifier intentionnellement, dans un délai déterminé, le modèle de développement économique qui règne depuis au moins 150 ans, depuis la révolution industrielle. »

150 https://www.unric.org/en/latest-un-buzz/29623-figueres-first-time-the-world-economy-is-transformed-intentionally Madame Figueres semble ignorer que la révolution industrielle a débuté en 1750.

> « All pathways that limit global warming to 1.5°C with limited or no overshoot project the use of carbon dioxide removal (CDR) on the order of 100–1000 $GtCO_2$ over the 21st century. CDR would be used to compensate for residual emissions and, in most cases, achieve net negative emissions to return global warming to 1.5°C following a peak (high confidence). CDR deployment of several hundreds of $GtCO_2$ is subject to multiple feasibility and sustainability constraints (high confidence). Significant near-term emissions reductions and measures to lower energy and land demand can limit CDR deployment to a few hundred $GtCO_2$ without reliance on bioenergy with carbon capture and storage (BECCS) (high confidence). » (page 19)[151]

Le GIEC définit ces techniques de CDR de la façon suivante :

> « Carbon dioxide removal (CDR) : Anthropogenic activities removing CO_2 from the atmosphere and durably storing it in geological, terrestrial, or ocean reservoirs, or in products. It includes existing and potential anthropogenic enhancement

151 « Toutes les voies qui limitent le réchauffement climatique à 1,5 ° C avec un dépassement limité ou inexistant prévoient l'utilisation des techniques d'élimination du dioxyde de carbone (CDR) de l'ordre de 100 à 1000 $GtCO_2$ au cours du XXIe siècle. Le CDR servirait à compenser les émissions résiduelles et, dans la plupart des cas, à générer des émissions négatives nettes pour ramener le réchauffement planétaire à 1,5 ° C après un pic (degré de confiance élevé). Le déploiement du CDR de plusieurs centaines de $GtCO_2$ est soumis à de multiples contraintes de faisabilité et de durabilité (confiance élevée). Des réductions d'émissions importantes à court terme et des mesures visant à réduire la demande en énergie et en terres arables peuvent limiter le déploiement du CDR à quelques centaines de $GtCO_2$ sans recourir à la bioénergie avec captage et stockage du carbone (BECCS) (confiance élevée). »

of biological or geochemical sinks and direct air capture and storage, but excludes natural CO_2 uptake not directly caused by human activities. » (page 26)[152]

Le seul scénario vraisemblable – c'est-à-dire tenant compte de la réalité – est le quatrième : celui d'une poursuite non seulement des émissions de CO_2, mais de leur *croissance.* Car des pays tels que la Chine et l'Inde ont sorti des centaines de millions de leurs citoyens de la misère en se développant économiquement donc en consommant davantage d'énergie ; ils vont persister dans cette voie et rien ne les en dissuadera – certainement par « l'Accord de Paris », qui leur permet expressément de poursuivre la croissance de leurs émissions de CO_2 dans les prochaines années.

Logiquement, c'est ce quatrième scénario qui prévoit l'utilisation la plus massive des techniques de CDR : « Émissions reductions are mainly achieved through technological means, making strong use of CDR ».[153]

Le problème est que ces techniques de CDR – autrefois connues sous le vocable de CCS, pour *carbon capture and storage,* et CCU, pour *carbon capture and utilization*[154] – sont dénuées de sens au double point de vue économique et énergétique. Elles consomment entre 10 et 100 % (*sic*) de l'énergie produite. La Commission européenne avait tenté de valoriser ces techniques : tous les projets ont

[152] « Élimination du dioxyde de carbone (CDR) : activités anthropiques qui consistent à éliminer le CO_2 de l'atmosphère et à le stocker durablement dans des réservoirs géologiques, terrestres ou océaniques, ou dans des produits. Cela inclut l'amélioration anthropique existante et potentielle des puits biologiques ou géochimiques et la capture et le stockage directs dans l'air, mais exclut l'absorption naturelle de CO_2 qui n'est pas directement causée par les activités humaines. » Les CDR sont discutées aux pages 118s du rapport et au chapitre 4.

[153] « Les réductions d'émissions sont principalement obtenues par des moyens technologiques, faisant largement appel au CDR. »

[154] La seconde vise à stocker le CO_2 pour le réutiliser, la première vise au stockage permanent.

été abandonnés.[155] Comme le reconnaît le GIEC dans le rapport (et non le « résumé pour décideurs »)[156], « Most CDR technologies remain largely unproven to date. »[157]

Le quatrième scénario est donc également dénué de vraisemblance.

Les trois autres scénarios supposent une réduction de la consommation d'énergie, qui serait le fruit miraculeux d' « economic convergence and international cooperation, as well as shifts towards sustainable and healthy consumption pattern » (scénario 2) et… du progrès technologique.

C'est en effet une autre caractéristique majeure de ce rapport que son enthousiasme à l'égard des progrès technologiques à venir. Les *quatre* scénarios supposent de fulgurants progrès technologiques.

La difficulté est que progrès technologiques et croissance économique sont consubstantiels.

Le premier scénario prévoit un effondrement de la consommation d'énergie « while living standards rise »… une formule relevant de l'alchimie et non de la raison.

Enfin, à partir de la page 20 (sur 32), le résumé pour décideurs du SR15[158] s'emploie à expliquer que la mise en œuvre de ces différents scénarios permettra dans le même temps une « éradication de la pauvreté »…

155 Je remercie le Pr. Samuel Furfari pour son éclairage sur ces questions techniques.

156. On présume que l'irréalisme, en fait l'inexistence, de la plupart de ces « techniques » n'est pas de nature à intéresser les « décideurs ».

157 SR15, 121, 158 et chapitre 4 ; voyez en particulier page 394 : « there are uncertainties about how much it would cost to deploy (…) a CDR technique, given that removing CO_2 from the air requires considerable energy. » (*sic*)

158 Qui correspond au chapitre 5 du rapport proprement dit.

Un rapport du GIEC, c'est une réédition du Rapport Meadows, avec des couleurs.

En tant qu'il repose entier sur des progrès technologiques *hypothétiques*, le SR15 est intégralement non réfutable, au sens que Popper donne à ce terme, donc intégralement hors le champ de la science.

L'étonnant n'est pas que des documents aussi fantaisistes soient publiés – ils le seront aussi longtemps que le GIEC sera financé par le contribuable qui n'en peut mais. Il est que, près d'un demi-siècle après le Rapport Meadows, de telles billevesées trouvent encore une audience.

En somme, il manque au rapport un cinquième scénario : poursuite de la croissance économique, réduction de la pauvreté et croissance des émissions mondiale de CO_2 – même si l'Europe devait poursuivre la route vers la servitude qu'elle s'est tracée.

Sur lequel de ces cinq scénarios seriez-vous prêt à parier votre argent ?

Annexe 2 – Hans Jonas, impenseur

J'ai aimé Marx. Le souffle, la vigueur, l'originalité, sa cohérence, son style, son âpreté au travail, son intransigeance rivée à des principes qui n'étaient pas sans raison et sa formidable productivité.

J'admire Keynes, sa capacité à ramasser l'intégralité du matériau économique dans une structure conceptuelle systématique et radicalement originale.

Pourtant, je ne partage en rien la valeur dont ces deux auteurs procèdent : l'égalité réelle. L'égalité réelle me semble contre-naturelle, impossible à réaliser et même conceptualiser, horriblement délétère dans ses effets concrets.

Je n'aime pas Hans Jonas, je n'éprouve aucune admiration à son égard et me défends avec peine d'un sentiment de mépris.

Cherchant à dépasser le dualisme cartésien – qui reconnaît à l'âme humaine une réalité distincte de la matière – Jonas ne propose aucune alternative ni ne régresse vers une sorte de spinozisme par défaut. Jonas se contente de postuler la magie, c'est-à-dire « une émanation de la matière qui est parvenue à prendre conscience d'elle-même et qui ressent. »[159] Cette formule digne de la sorcellerie ne relève pas de la pensée rationnelle, mais d'une forme d'animisme naïf antérieur à toute civilisation.

Quand Jonas suggère de remplacer l'anthropologie humaniste – l'homme cœur et raison de toutes choses, le souci de l'humanité – par une « métaphysique de la nature »[160], il ne semble pas s'aviser

[159] *Esprit, op. cit.*, 16.

[160] *Ibidem.*

que l'expression « métaphysique de la nature » est une contradiction *in terminis* : par définition ce qui est métaphysique est ce qui dépasse la nature. Si rien ne dépasse la nature, il n'y a plus d'anthropologie ; il n'y a plus de métaphysique ; il n'y a littéralement plus rien de *sensé*, comme Jonas, élève de Heidegger, ne pouvait pas ne pas s'en aviser.

Enfin, quand Jonas parle de solution finale[161] au problème écologique, ce fin lettré – constat qui n'est en rien incompatible avec ce qui précède – ne peut pas ignorer la terrible connotation de l'expression « solution finale ». Allemand juif, Jonas a fui l'Allemagne nazie.

Quel dommage que Monsieur Jonas ne se soit pas cantonné à son registre premier : l'étude des auteurs gnostiques, domaine dans lequel il n'était pas mauvais.

161 *Der Spiegel*, *op. cit.*, 1992.

Remerciements

Je remercie les Prs. Ernest Mund et Samuel Furfari pour leurs critiques et suggestions ; le Dr. Pierre Debatty pour sa relecture critique et les nombreuses et si fécondes sources qu'il m'a soumises ; David Clarinval et Alain Destexhe pour leur éclairage politique. Je remercie Henri Lepage, Nicolas De Pape et Thomas Godefridi pour leurs commentaires critiques. Il va sans dire que je suis seul comptable des conclusions de ce travail.

Achevé d'imprimer par
Normandie Roto Impression s.a.s.
N° d'imprimeur : 1902336
Dépôt légal : juin 2019

Imprimé en France